W0204332

JÖRG HÜBNER

DAS MESSER BUCH

Outdoor-, Jagd- und Freizeitmesser

KOSMOS

INHALT

Mit Messern durch den ganzen Tag

Messer faszinieren und polarisieren. Nüchtern betrachtet sind es aber notwendige Werkzeuge, die aus dem Leben der Menschheit nicht mehr wegzudenken sind. Kein Wunder, denn Schneidwerkzeuge werden in allen denkbaren Bereichen benötigt.

Bereits am Morgen beim Frühstück schneiden wir damit unsere Brötchen auf, im weiteren Verlauf des Tages nutzen wir Messer für allerlei Aufgaben im Haus sowie in der Natur, und am Abend schneiden wir damit wieder unsere Wurst für das Abendbrot. Kurzum: Das Messer begleitet uns durch den gesamten Tag. *Das* Messer? Es muss richtig heißen: *Die* Messer! Denn nicht nur ein einziges Exemplar, sondern viele unterschiedliche Schneidwerkzeuge sind es, die je nach Verwendungszweck zum Einsatz kommen. Am geläufigsten sind uns Haushalts- und Küchenmesser. Aber auch im handwerklichen Beruf, in der Freizeit und bei der Jagd kommen wir ohne spezielle Varianten nicht aus. Und wer ein Taschenmesser bei sich trägt, ist in der Lage, verschiedene Schneidaufgaben auszuführen, die immer und überall anfallen können. Dieses Buch beschäftigt sich mit Jagd-, Outdoor- und Freizeitmessern. Sie sind unterschiedlich konzipiert, besitzen aber auch universelle Eigenschaften, mit denen bereichsübergreifende Arbeiten verrichtet werden können. Da alle Schneidwerkzeuge einen gemeinsamen Ursprung haben, nämlich den steinzeitlichen Faustkeil als erstes Werkzeug der Menschheit, wird der Leser auch auf einen kleinen Ausflug

Messer ist nicht gleich Messer – viele Verwendungszwecke, viele Messertypen

in die „Evolution des Messers" mitgenommen. Was sind die Bestandteile eines Messers? Welche Stähle finden Verwendung? Welche Klingenformen und Schliffarten bestimmen den Verwendungszweck? Wie pflegt man ein hochwertiges Messer?
Antworten darauf gibt der erste Teil des Buches. Diese lediglich der Einführung in das Thema „Messer" dienenden Informationen sollen einen allgemeinen Überblick vermitteln, ohne sich in wissenschaftlichen Details zu verlieren.
Ich wünsche allen Lesern viel Spaß bei unserem Streifzug durch die Welt der Jagd-, Outdoor- und Freizeitmesser!

Viele Messer sind jedoch vergleichsweise universell einsetzbar.

DAS MESSER – GESCHICHTE, AUFBAU, PFLEGE UND KAUF

MESSERSET „EVOLUTION" – ABSTRAKTIONEN HISTORISCHER VORBILDER

Geschichte und Moderne vereint: Das vom Verfasser designte Messerset „Evolution" verdeutlicht die Entwicklungsphasen der Menschheit und ihrer Schneidwerkzeuge, besteht aber aus gehärtetem, rostfreiem 440C-Stahl.

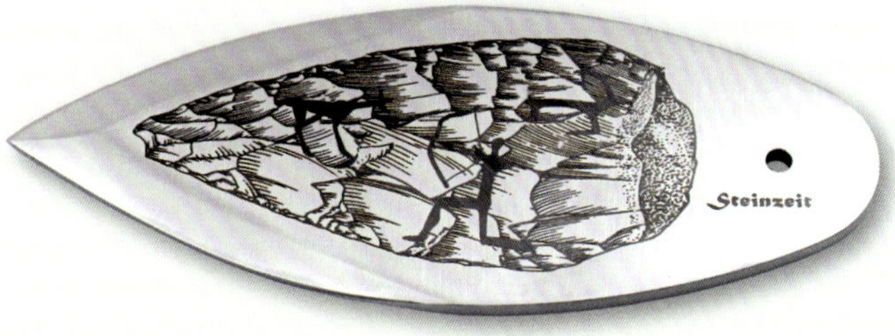

1.

Der Faustkeil entstand vor rund 1,5 Millionen Jahren in der Steinzeit: Er war ein zweiseitig bearbeiteter und mandelförmig ausgebildeter Stein mit runder Basis und Spitze.

2.

Dieser Dolch mit kurzem Griff steht für die Bronzezeit ab dem 3. Jahrtausend v. Chr. ein. Schon wenige Jahrhunderte später konnten einige Völker erste chirurgische Messer aus Kupfer herstellen. Durch Zulegieren von etwa 10 % Zinn ließ sich aus Kupfer dann Bronze gießen.

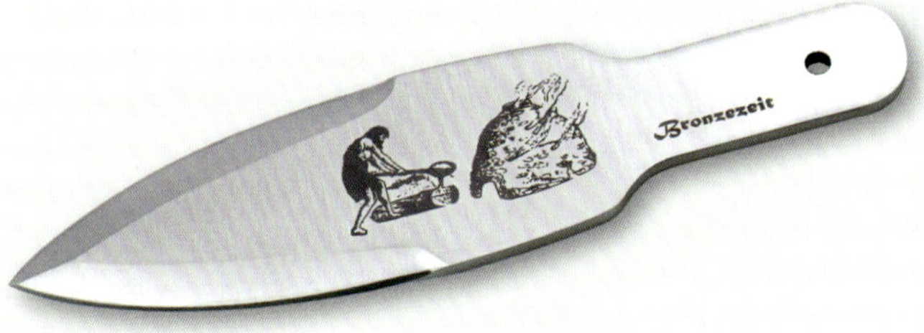

3.

Das Messer mit langem Griff symbolisiert die Eisenzeit. Schon am Ende der Bronzezeit kamen Messer aus Eisen auf und lösten die Bronzemesser zunehmend ab. Durch Eisenverhüttung entstandene Messer sind ab dem 17. Jahrhundert v. Chr. belegt. Dieser Fortschritt erreichte Europa vor ca. 2800 Jahren – der Beginn der hiesigen Eisenzeit.

Die Evolution des Messers

Die Geschichte der gesamten Menschheit ist untrennbar mit der Entwicklung von Schneidwerkzeugen verbunden. Schon von ihrem Anbeginn war es für das Überleben wichtig, Mittel zu besitzen, mit denen sich Nahrung sowie Kleidung herstellen ließen. Dazu mussten erbeutetes Wild zerteilt und seine Bestandteile verarbeitet werden.

Unsere Vorfahren nutzten hierbei anfangs scharfkantige Steine. Durch das Behauen von Feuersteinen gelang dann die Herstellung des ersten „Messers", dem Faustkeil. Dieser war ein zweiseitig bearbeiteter und mandelförmig ausgebildeter Stein, dessen runder Basis eine spitz zugerichtete Seite gegenüberlag. Der Faustkeil konnte zum Schneiden, Schaben, Zerteilen, Zuspitzen und als Waffe genutzt werden. Der Mensch hatte somit eine Evolutionsstufe erreicht, in der er ein selbst hergestelltes Werkzeug zielgerichtet einsetzen konnte. Diese Epoche nennen wir Steinzeit.

VON KUPFER ZUM HOCHLEISTUNGSSTAHL

In der weiteren Entwicklung gelang es den Menschen, Metalle zu fördern und zu verarbeiten. Für die Messerherstellung wurde zuerst Kupfer genutzt. Dieses Metall ließ sich durch Erhitzen in Formen gießen und anschließend verarbeiten. Das neue Schmelzverfahren ermöglichte nun die Herstellung komplexer Formen, sodass Klingen und Griffe eine integrale Einheit bilden konnten. Die Schneidwerkzeuge aus Kupfer waren jedoch nicht hart und robust genug, um alle anfallenden Arbeiten damit zu verrichten, und so wurden weiterhin auch Steinwerkzeuge eingesetzt.

Bronzezeit

In der Folgezeit gelang es aber, dem Kupfer etwas Zinn beizumischen und so Bronze herzustellen. Dieses Material besaß nun hervorragende Eigenschaften und löste den Stein als Klingenmaterial endgültig ab. Diese Epoche nennen wir Bronzezeit.

Eisenzeit

Die spätere Verhüttung und das Ausschmelzen von Eisenerz führte schließlich zur Herstellung von Eisen und später – über Zugabe von Kohlenstoff – Stahl. Die erreichbare Härte und die Verdichtung des Materials ließen sich durch Schmieden und anschließende Wärmebehandlung steuern, sodass die Verschleißfestigkeit und Belastbarkeit optimiert wurden. Nun ließen sich auch längere Klingen herstellen – z. B. für Schwerter –, die Härte und Flexibilität zugleich aufwiesen und daher nicht bruchanfällig waren. Diese Epoche nennen wir Eisenzeit.

Fließende Übergänge

Durch die unterschiedlichen Entwicklungen der einzelnen Völker sind die Übergänge der verschiedenen Epochen fließend und zeitlich versetzt. „Blankwaffen" hielten jedoch in jede menschliche Kultur Einzug und dienten auch – oft mit aufwendigen Verzierungen versehen – als Statussymbole der jeweiligen Besitzer.

Messerelemente

Die Bauweisen von Messern können recht unterschiedlich ausfallen. Manche Modelle besitzen viele Elemente und Beschläge, andere dagegen bestehen lediglich aus einem einzigen Stück Stahl. Wie auch immer – allen ist gemein, dass sie mehrere funktionelle Bereiche besitzen, die sie erst zu einem Messer machen.

Gehen wir von den in diesem Buch behandelten Jagd-, Outdoor- und Freizeitmessern aus, sind in den meisten Fällen dieser Spezies vielfältige Bestandteile vorhanden. Erst einmal denkt man selbstverständlich an eine Klinge mit einem dazugehörigen Griff. Beide Elemente besitzen aber charakteristische Merkmale und Details, die das Messer letztendlich einer bestimmten Art von Schneidwerkzeug zuordnen.

TIPP

Achtung bei Messern, die nur einen Kurzerl besitzen. Der ragt nur ein kleines Stück in den Griff. Bei stärkerer Belastung kann so eine Konstruktion brechen. Solch einen Erl mit angefügtem Hohlgriff haben viele der sogenannten Überlebensmesser.

AUFBAU

Klinge

Die Klinge *(Blatt)* besitzt eine Spitze *(Ort)*, einen *Klingenrücken* und am gegenüberliegenden *Klingenbauch* eine *Schneide*, manchmal auch zusätzlich eine *Sägezahnung*. An die Schneide wird eine sogenannte *Wate*, die letztendlich für die Schärfe zuständig ist, angeschliffen. Die unbeschliffenen Flanken des Blattes nennt der Fachmann *Klingenspiegel*. Der im hinteren Klingenbereich gelegene Übergang zum Griffstück heißt *Ricasso* und bleibt grundsätzlich ungeschärft *(Fehlschärfe)*.

Parierstange oder Knebel

Zwischen Klinge und Griff befindet sich, zumindest bei den Jagdmessern, ein Handschutz in Form einer *Parierstange* oder eines *Knebels*. Je nach Ausprägung dieses Elements wird die Gefahr eines Abrutschens der Hand vom Griff in die Klinge minimiert. Für eine noch bessere Handhabung kann auch eine eingeschliffene *Daumenauflage* am hinteren Bereich des Klingenrückens nützlich sein.

Griff, Erl und Knauf

Die *Griffschalen* werden auf dem *Erl*, der Verlängerung der Klinge, angebracht. Zumeist werden sie mittels mehrerer Nietstifte befestigt. Am Ende des Griffes, befindet sich oft eine *Fangriemenöse*, an der eine passende Sicherungsschnur befestigt wird. Der *Heftkopf* am Griffende kann eine Verdickung aufweisen. Dieses optionale Element dient als hinterer Handschutz und wird *Knauf* genannt.

KONSTRUKTIONSMERKMALE

Der Aufbau eines Messers kann unterschiedlich ausfallen und damit auch die Handhabung sowie die Stabilität beeinflussen. Die meisten Schneidwerkzeuge mit feststehender Klinge bestehen aus einem Stück Stahl, auf dessen *Flacherl*, also der in voller Länge durch den Griff gehenden Klingenverlängerung, zwei Griffschalen genietet sind. Einige Konstruktionen bilden sogar zusammen mit *Backen* und *Knauf* eine Einheit aus einem einzigen Stahlstück. Man spricht in diesem Fall von einem *Integralmesser*.

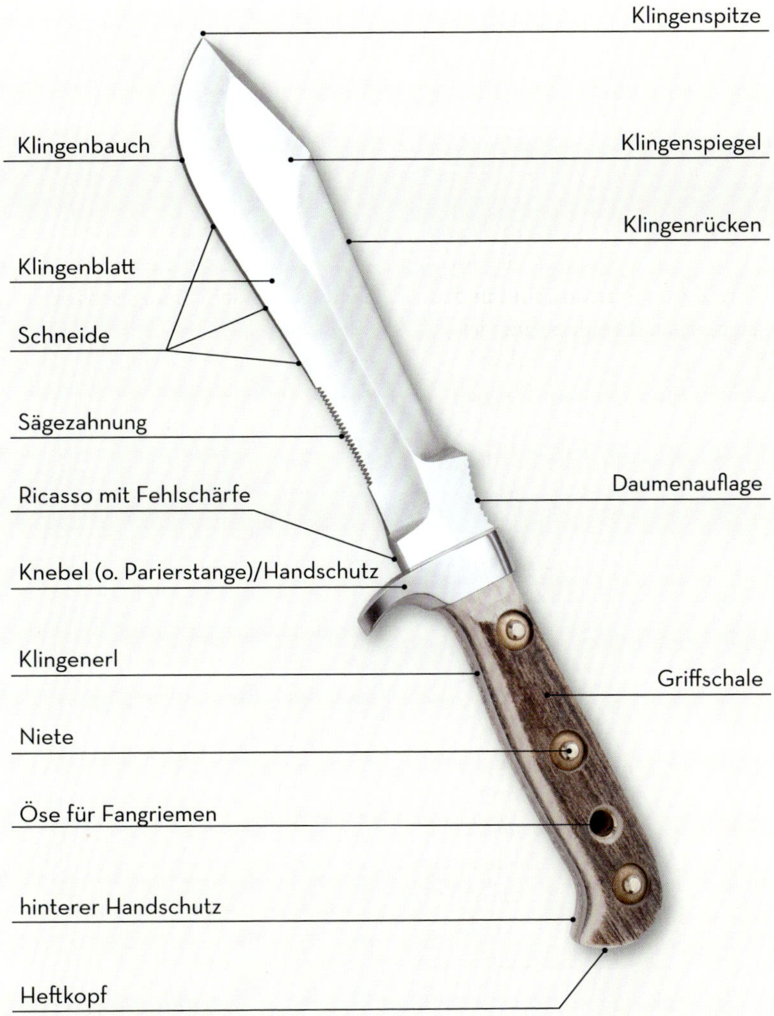

Messerelemente und -bezeichnungen

Das Materialspektrum für Messergriffe ist breit.

Erl

Weniger oft befindet sich an der Klingenbasis ein *Runderl* oder ein verschmälerter, flacher Erl, dem ein Griffkörper, z. B. aus Hirschhorn, Holz oder Lederscheiben, aufgeschoben wird. Wenn das Erlende ein Gewinde besitzt und der Griff damit fest verschraubt wird, ist für ausreichend Stabilität gesorgt. Da die Klingenverlängerung nicht sichtbar ist, spricht man von einem *versteckten* Erl.

Klappmesser

Wie auch immmer – die Belastungsgrenze ist bei Messern mit feststehender Klinge grundsätzlich höher als bei Klappmessern. Deren größter Schwachpunkt liegt in der Verbindung zwischen Klinge und Griff. Nach grobem und unsachgemäßem Gebrauch sitzt die Klinge nicht mehr fest oder bekommt zumindest seitliches Spiel, was sich auf Dauer ungünstig auswirkt. Der Vorteil eines Taschenmessers liegt eindeutig in seiner Kompaktheit sowie der Möglichkeit, mehrere Werkzeuge darin zu integrieren. Sehr viele Klappmodelle besitzen eine *Klingenarretierung*, die sich positiv auf die Handhabungssicherheit auswirkt und die Verwendungsmöglichkeiten erweitert.

Griffmaterial

Die Haltbarkeit eines jeden Schneidwerkzeugs kann auch von dem verwendeten Griffmaterial beeinflusst werden. Unterschieden wird grundsätzlich zwischen natürlichen und künstlichen Stoffen.
Holz, Hirschhorn und ähnliche Naturprodukte können durch große Temperaturschwankungen schrumpfen und Risse bilden. Hochwertige Kunststoffe dagegen bleiben formstabil und sind zudem unempfindlich gegen Feuchtigkeit. Deshalb werden oft mit Phenol- oder Epoxidharz versetzte Materialien für Griffschalen verwendet. Micarta und das zusätzlich mit Glasfasern versetzte G10 sind typische Beispiele dafür. Aber auch weiche und grobporige Naturstoffe können zum Einsatz kommen, wenn sie zuvor getrocknet, verfestigt und durch anschließende Zugabe von Kunstharz ausreichend stabilisiert wurden.

Klingenstahl

Den äußeren Einflüssen ausgesetzt ist auch der verwendete Klingenstahl. Dies wirft die Frage auf, ob man sich für eine rostfreie oder nicht rostfreie Variante entscheidet. Beide Sorten haben ihre Vor- und Nachteile, meistens entscheidet aber doch die persönliche Präferenz. Auch rostfreie Stähle können aufgrund des Hauptbestandteils Eisen Korrosion ansetzen, allerdings ist ihre Resistenz dagegen deutlich erhöht. Der grundsätzliche Unterschied liegt deshalb im notwendigen Pflegeaufwand.

STAHLBLECHE

Die meisten Flacherlkonstruktionen werden nicht mehr geschmiedet, sondern bestehen aus industriell hergestellten Stahlblechen, die in unterschiedlichen Maßen und Sorten zur Weiterverarbeitung angeboten werden. Aus den Stahlstücken wird die gewünschte Klingenform durch Sägen, Lasern oder Schleifen herausgearbeitet.

1. Messerrohling nach Entnahme aus dem Gesenk

2. Nachdem das überschüssige Material entfernt wurde, ist die Form des Rohlings bereits sichtbar.

3. Das Schmiedestück erhält durch die Oberflächenbehandlung seinen „Stahl-Glanz".

4. Nach dem Anbringen der Monturen ist noch abschließende Nacharbeit notwendig.

1

2

3

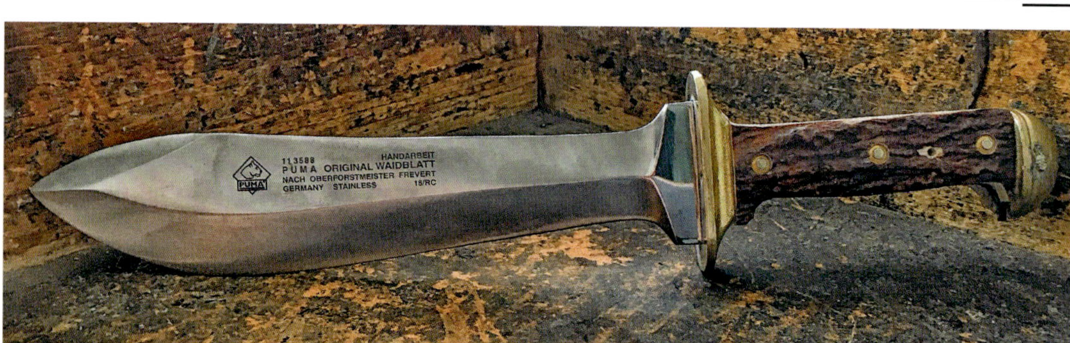

4

Auf einen Blick: der Werdegang vom Rohling zum Messer

VOM ROHLING ZUM MESSER

Am Anfang steht der Stahl. Aus ihm entsteht das gewünschte Messer. Die Techniken und Fertigungsmöglichkeiten sind unterschiedlich und reichen vom traditionellen Schmieden einzelner Stücke über von Messermachern in Handarbeit geschliffenen Kleinserien bis zur industriellen Herstellung von Massenware unter Verwendung von handelsüblichen Bandstählen. Allerdings sind auch heute noch in Solingen einige Messer-Manufakturen ansässig, die hochwertige Produkte herstellen und dabei auf klassische Handarbeit setzen.

Schmieden im Gesenk

Komplexe Klingenformen werden nach wie vor geschmiedet. Allerdings geschieht dies bei Serienproduktionen nicht mehr mit Hammer und Amboss, sondern mittels Gesenk.
Der Stahl wird dabei im glühenden Zustand in eine entsprechende, zweiteilige Form (Ober- und Untergesenk) eingebracht und dann durch Schläge mit einem Fallhammer geschmiedet. Dies geschieht unter einem vordefinierten Gewicht, sodass sich das Stahlstück in seiner Struktur verdichtet und danach die gewünschte Klingenform aufweist.

Vom Entgraten bis zur Politur

Die Klinge wird anschließend entgratet und am Band vorgeschliffen. Auch der Erl erhält nun die Bohrungen, die später zur Befestigung der Monturen und Griffschalen notwendig sind. Die soweit vorbereitete Klinge muss nun gehärtet werden, damit sie später ihre Schärfe behält und verschleißfest ist. Die sogenannte Wärmebehandlung erfolgt in einem Härtereibetrieb. Nachdem die Klinge gehärtet ist, wird sie fertig geschliffen und poliert.

Reiden und Ausmachen

Anschließend erfolgt das Anbringen des als Handschutz dienenden Knebels bzw. den Backen sowie der Griffschalen. Hierzu dienen in den meisten Fällen Nietstifte, die mit dem Hammer gestaucht werden. Im Fachjargon wird dieser Vorgang „Reiden“ genannt.

Den weiteren Teil der Arbeit übernimmt der „Ausmacher". Er beseitigt mittels eines Bandschleifers Materialüberstände der übermäßig angebrachten Griffschalen und sorgt dafür, dass alle Messerbestandteile möglichst fugenlos ineinander übergehen.

Abschlussarbeiten

Zum Schluss wird die Schneide scharf geschliffen und das ganze Messer auf etwaige Fehler überprüft. Die Klingenbeschriftung, die Auskunft über den Hersteller sowie die verwendete Stahlsorte geben sollte, wird heutzutage meistens mit einem Laser oder per Ätzung vorgenommen.
Insgesamt sind viele einzelne, sorgfältig aufeinander abgestimmte Schritte bei der Fertigung notwendig, um aus einem einfachen Rohling ein hochwertiges Messer entstehen zu lassen.

MESSERTASCHEN – SINNVOLLES ZUBEHÖR

Zu einem Messer gehört auch eine passende Tasche bzw. ein Gürtelholster. Dies gilt zumindest für alle Messer mit feststehender Klinge. Aber auch Klappmesser sind in einer Koppeltasche, einem Stecketui oder Wildlederbeutel besser aufgehoben, als hüllenlos in der Hosentasche. Gerade im Griffkörper von Taschenmessern sammelt sich gern Staub, der mit der Zeit auch die Gängigkeit der Klinge negativ beeinflussen kann.

Leder

Zum beliebtesten Material bei der Herstellung von Messerscheiden und -etuis gehört zweifellos Leder. Es lässt sich gut verarbeiten und passgenau zuschneiden. Wenn das Leder eine gewisse Stärke aufweist

1

2

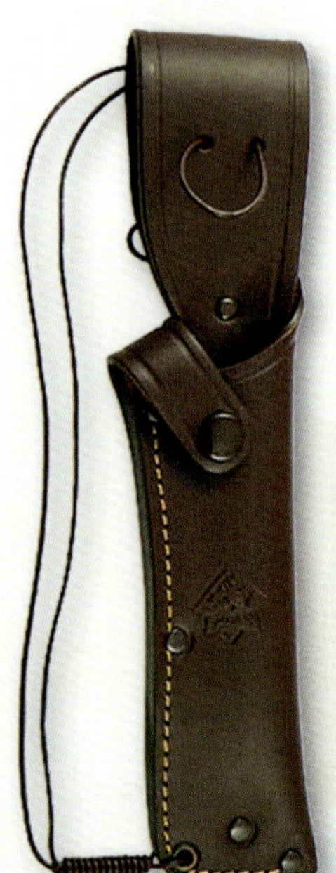

1. Wildlederbeutel für ein Klappmesser

2. Lederscheide für ein feststehendes Messer

3. Cordura-Koppeltasche für ein Klappmesser

und somit formstabil ist, ist das Messer gut und verlustsicher in solch einer Scheide aufgehoben. Allerdings sollten zumindest feststehende Messer aus nicht rostfreien Stählen nicht dauerhaft in Lederscheiden verwahrt bleiben, da die darin befindliche Gerbsäure zu Rostbildung am Klingenmaterial führt. Kohlenstoffstahlklingen dürfen aus diesem Grund auch nicht in feuchtem oder gar nassem Zustand in die Lederscheide gesteckt werden.

Cordura

Eine Alternative zu natürlichem Material ist Cordura, ein Gewebe aus Nylon. Bei dessen Herstellung werden geschnittene Polyamidfasern versponnen, dann verwoben und so reißfest gemacht. Cordura ist relativ leicht und findet sich bei der Produktion von Taschen für klappbare sowie feststehende Messer gleichermaßen oft wieder. Obwohl Cordura-Gürteltaschen und -Scheiden meistens als Zubehör von Messern im niedrigen Preissegment dienen, ist das Nylongewebe eine gute Wahl, da es recht unempfindlich ist, kaum Pflege braucht und das Messer darin schonend aufbewahrt werden kann.

Hartkunststoff

Während Leder und Nylon auch für Klappmessertaschen Verwendung finden, werden Scheiden aus Hartkunststoff fast ausschließlich für Messer mit feststehender Klinge produziert. Die hierfür infrage kommenden Materialien wie beispielsweise Zytel, ABS und Kydex sind dabei jedoch nicht mit einfachem „Plastik" gleichzusetzen. Die Vorteile liegen in ihrer Schlagfestigkeit und hohen Formstabilität. Außerdem lassen sich Kunststoffscheiden überaus gut reinigen und weisen sehr oft multifunktionale Befestigungsmöglichkeiten für unterschiedliche Tragesysteme auf. Ungefütterte Kunststoffscheiden können allerdings auf der Klinge Kratzer verursachen und eine evtl. vorhandene Klingenbeschichtung mehr oder weniger stark beschädigen. Dies trifft besonders auf Kydex, das passgenau die Klinge umschließt, zu (vgl. Fotos s. S. 92 u. 119). Eine weiche Auskleidung der Messerscheide kann hier Abhilfe schaffen.

TIPP

Ob ein Messer am Körper getragen, im Rucksack transportiert oder in der Wohnung verwahrt werden soll: Eine passende Tasche schont in jedem Fall das Messer und schützt seinen Besitzer vor Verletzung.

3

DIE MISCHUNG MACHT'S

Kohlenstoff, Chrom, Vanadium und mehr ... Je nach Zusammensetzung der Legierung besitzt ein Stahl unterschiedliche Eigenschaften. Und die müssen zum Verwendungszweck eines Messers passen.

Stahl

Messer unterliegen verschiedenen Anforderungen. Deshalb muss der richtige, dem jeweiligen Verwendungszweck entsprechende Stahl gewählt werden. Die Zusammenstellung der Legierungsbestandteile und deren prozentuale Anteile unterscheiden sich nämlich teilweise erheblich je nach Stahlsorte und verleihen ihr ganz individuelle Eigenschaften.

BEISPIEL JAGDMESSER

Ein Jagdmesser sollte eine gute Schärfe annehmen und diese auch möglichst lange halten. Es ist ein reines Schneidwerkzeug. Hier ist also Verschleißfestigkeit gefragt und die Klingenhärte muss entsprechend hoch sein. Die richtige Wahl wäre ein Stahl mit hohem Kohlenstoffanteil. Dieser bestimmt nämlich die erreichbare Klingenhärte.

Ein Campknife dagegen ist mehr für den groben Gebrauch ausgelegt und muss auch schlagende Arbeiten wie das Zerkleinern von Ästen aushalten. Eine hohe Härte würde hier aber zu Ausbrüchen an der Klinge führen. Die bevorzugte Eigenschaft ist daher Zähigkeit, die mit einer geringeren Härte einhergeht. Der Kohlenstoffanteil sollte hier geringer oder die erzielbare Härte der Klinge im Herstellungsprozess nicht vollends ausgeschöpft sein.

WELCHER STAHL – DIE QUAL DER WAHL

Messer unterliegen verschiedenen Anforderungen. Darum ist es wichtig, den richtigen Stahl entsprechend dem jeweiligen Verwendungszweck auszuwählen. Die Zusammenstellung sowie die prozentuale Verteilung der Legierungsbestandteile unterscheiden sich nämlich teilweise erheblich bei jeder Stahlsorte und geben dieser ganz individuelle Eigenschaften.

Aber von Anfang an. Heutzutage geben die meisten Messerhersteller die für ihre Produkte verwendeten Stahlsorten an. Entweder steht die jeweilige Bezeichnung auf der Klinge oder der Käufer kann die gewünschte Information im Katalog bzw. auf der Website des Herstellers oder Händlers nachlesen. Vorausgesetzt natürlich, dass es sich um ein Markenmesser handelt.

TIPP

Auch günstigen Messern mit einfachen Stählen kann man natürlich einen gewissen Nutzwert nicht absprechen. Wie so oft, kommt es auf den persönlichen Anspruch an.

Bei importierter Billigware, z. B. aus Fernost, kann dies selbstverständlich ebenso der Fall sein, allerdings findet man hier meist nur einen allgemeingültigen Hinweis wie „stainless". Es handelt sich dann oft um einen rostträgen „Einfachstahl" von geringer Härte und minderer Qualität.
Gehen wir mal von hochwertigen Messern aus, die leistungsfähig sein sollen. Da jeder Stahl seine besonderen Vorzüge hat, kommt es auf die Wahl der richtigen Sorte an. Darum sollte man sich vor dem Kauf über den gewünschten Verwendungszweck Gedanken machen.

DIE STAHLELEMENTE

1. **Kohlenstoff (C)** bestimmt unter anderem die Härtbarkeit eines Stahls und macht Eisen erst zu Stahl.
2. **Chrom (Cr)** sorgt bei einem Mindestanteil von 13 % für Rostbeständigkeit.
3. **Molybdän (Mo)** steigert die Schneid- und Dauerbeständigkeit und wirkt der Korrosionsanfälligkeit entgegen.
4. **Vanadium (V)** erhöht die Schneidfähigkeit und verbessert auch die Zähigkeit sowie die Bruchfestigkeit.
5. **Mangan (Mn)** bindet überflüssigen Sauerstoff und entgast die Schmelze. Zugleich erhöhen sich Härte und Zähigkeit bei nicht zu hohem Legierungsanteil.
6. **Silizium (Si)** entgast die Schmelze. Bei geringem Anteil verbessern sich Zug- und Druckfestigkeit.
7. **Phosphor (P)** ist unerwünscht. Es erhöht zwar die Härte, macht aber den Stahl bei höherem Legierungsanteil brüchig.

DEN ELEMENTEN AUF DER SPUR

Kohlenstoff ist das wichtigste Element, denn erst die Zugabe von Kohlenstoff macht Eisen zu Stahl und diesen härtbar. Weitere wichtige „Zutaten" für rostfreie Stähle sind unter anderem *Chrom*, *Molybdän* und *Vanadium*. Dies sind chemische Elemente, die dem Stahl hinzugefügt (legiert) werden, um die Werkstoffeigenschaften auf die gewünschte Weise zu verbessern.

Klassifizierungen

Wer also etwas über das Potenzial seiner Messerklinge wissen möchte, achtet immer auf die verwendete Stahlsorte. Deren Klassifizierung wird in Deutschland nach DIN (Deutsches Institut für Normung) vorgenommen. Wahlweise wird auch die der jeweiligen Stahlsorte entsprechende chemische Zusammensetzung angegeben. Dagegen werden die meisten in USA oder Asien hergestellten Stähle nach AISI (American Iron and Steel Institute), dem nordamerikanischen Branchenverband der Stahlindustrie, klassifiziert.
Trotz unterschiedlicher Bezeichnungen von Werkstoffnummern nach DIN und AISI können Stähle aber auch aufgrund gleicher Zusammensetzungen weitestgehend identisch sein. Qualitätsunterschiede sind jedoch trotzdem nicht ausgeschlossen!
Einige Beispiele hierfür:
- DIN WN 1.4034 (X46Cr13) = AISI 420 (Härte bis ca. 54 HRC)
- DIN WN 1.4110 (X55CrMo14) = AISI 440A (Härte bis ca. 56 HRC)
- DIN WN 1.4112 (X90CrMoV18) = AISI 440B (Härte bis ca. 57 HRC)

- DIN WN 1.4125 (X105CrMo17) = AISI 440C (Härte bis ca. 60 HRC)

Die einzelnen Stahlkomponenten sowie deren prozentuale Anteilsmenge machen die Qualität der jeweiligen Stahlsorte aus und bestimmen somit weitestgehend die Anwendungsmöglichkeiten der daraus gefertigten Klingen.

Universal-Messerstahl

Ein in der deutschen Klingenindustrie oft verwendeter Messerstahl nach DIN besitzt die Werkstoffnummer (WN) 1.4116. Seine Bezeichnung lautet X50CrMoV15 und setzt sich zusammen aus 0,50 % Kohlenstoff, 15 % Chrom sowie kleineren Anteilen von Molybdän und Vanadium. Der Kohlenstoffanteil macht bei diesem Stahl eine maximale Härte von etwa 56 HRC möglich.
Das ausreichend enthaltene Chrom stellt die Korrosionsbeständigkeit sicher, das Molybdän sorgt für Festigkeit bzw. Zähigkeit und das Vanadium wirkt zusätzlich der Gefahr einer Bruchanfälligkeit entgegen. Dies sind Eigenschaften, die für eine universelle Messerklinge bestens geeignet sind, da sie einen sehr guten Kompromiss bezüglich Rostbeständigkeit, Schnitthaltigkeit und Zähigkeit darstellen.
Die Stahlauswahlmöglichkeiten sind aufgrund der rasanten Weiterentwicklungen und modernster Herstellungsverfahren überaus umfangreich. Dies gilt gleichermaßen für inländische wie ausländische Sorten, die im Messerbau verwendet werden und ganz spezifische Eigenschaften besitzen. Manche Messerhersteller verleihen den von ihnen verwendeten Stählen auch Eigennamen, deren Rezeptur aus Gründen des Marketings nicht preisgegeben wird. Das macht die Kaufentscheidung nicht leichter.

Bei einigen Messern ist die Stahlsorte auf der Klinge angegeben.

HÄRTEPROZESS

Ebenso wichtig wie die Zusammensetzung des Stahls ist die Wärmebehandlung der Klinge, damit diese ihr Potenzial entfalten kann, also bei Belastung nicht bricht und möglichst lange scharf bleibt. Dafür ist ein Härte- und anschließender Anlassvorgang notwendig.
Durch längeres Erhitzen auf bis zu etwas über 1.000 Grad Celsius und anschließendem Abkühlen, meistens in Wasser oder Öl, verändert sich die innere Struktur des Klingenstahls. Dieser wird dadurch sehr hart, aber auch überaus spröde und muss nun unter kontrollierten Bedingungen noch einmal für eine gewisse Dauer auf bis zu 300 Grad Celsius erwärmt werden, um die entstandenen Spannungen abzubauen. Bei richtiger, auf die jeweilige Stahlsorte abgestimmter Vorgehensweise wird die Klinge wieder zäh und bruchfest. Die Wärmebehandlung von Klingen aus rostfreien Stählen ist sehr komplex und wird daher in der Regel von Lohnhärtereien durchgeführt. Die letztendlich erzielte Härte kann mithilfe eines speziellen Prüfgeräts kontrolliert werden.

1

1. RC-Maschine zur Überprüfung der Stahlhärte

2. Hier ist der Abdruck des Diamantkegels bei der Härteprüfung zu erkennen.

3. Erst wenn sie den auf die Stahlsorte abgestimmten Härteprozess durchlaufen haben, sind Messerklingen einsatzbereit und können an den Griffkörper montiert werden.

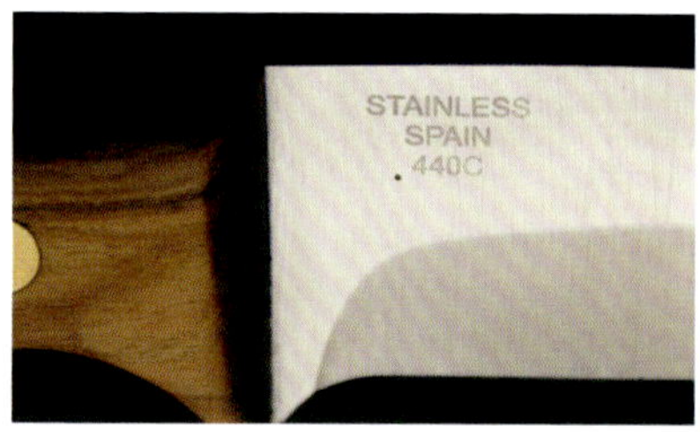

2

3

Härteprüfung nach HRC

Bei dem Hardness-Rockwell-Cone-Verfahren wird die Härte der Klinge ermittelt, indem ein Diamantkegel mit einer vordefinierten Kraft in den Stahl hineingepresst wird. Durch Ermittlung der Eindringtiefe kann der entsprechende Härtewert von der Skala abgelesen werden.

TYPISCHE MESSERSTÄHLE UND EIGENSCHAFTEN

DIN 1.4034 / AISI 420

Dieser rostfreie Stahl besitzt relativ wenig Kohlenstoff und daneben hauptsächlich Chrom (ca. 13 %). Die erreichbare Härte liegt bei ca. 54 HRC. Aufgrund seiner geringen Härte ist diese Sorte wenig bruchanfällig. Eine Klinge daraus muss jedoch öfter nachgeschliffen werden. In früheren Jahrzehnten wurde der 1.4034 oft in der deutschen Klingenherstellung genutzt und besaß aufgrund seiner sorgfältigen, normgerechten Herstellung und richtigen Wärmebehandlung einen sehr guten Ruf. Heutzutage gibt es auf dem deutschen Markt viele Low-Budget-Messer aus Fernost, die Klingen aus AISI-420-Stahl besitzen. Trotz grundsätzlich gleicher Komponenten kann es aber leider ganz erhebliche Qualitätsunterschiede geben, die durch Gleichsetzung den DIN 1.4034 zu Unrecht oft als billigen „Einfachstahl" dastehen lassen.

DIN 1.4110, 1.4112, 1.4125 / AISI 440A, 440B, 440C

Rostfreie Stähle dieser Gruppe besitzen jahrzehntelange Tradition in der Verwendung für Klingen. Da sie neben Chrom auch weitere Legierungsbestandteile, wie z. B. Molybdän, besitzen, haben sie sich in der Messerwelt weitläufig etabliert. Die maßgeblichen Unterschiede liegen mit aufsteigender Reihenfolge in einem höheren Kohlenstoffgehalt und der damit verbundenen besseren Schnitthaltigkeit.

AUS-4, AUS-6, AUS-8, AUS-10

Ähnlich der vorgenannten Gruppe verhält es sich bei diesen japanischen Stählen, die nach dem Japan Industrial Standard (JIS) genormt sind. Die Sorten A-4 bis A-10 sind rostfrei und finden in der Klingenherstellung Verwendung. Der anteilige Kohlenstoff und die damit erreichbare Klingenhärte erhöhen sich kontinuierlich mit aufsteigender Nummernbezeichnung.

ATS34

Auch dies ist ein rostfreier japanischer Stahl. Der Kohlenstoffgehalt ist sehr hoch, was eine Verschleißfestigkeit mit lang anhaltender Schärfe ermöglicht. Allerdings neigt dieser Stahl aufgrund seiner inneren Struktur etwas zu minimalen Klingenausbrüchen. Der Verwendungszweck liegt daher hauptsächlich in feineren Schneidaufgaben.

VG-10

Ebenfalls eine Stahlsorte aus Japan, die sowohl rostfrei als auch sehr schnitthaltig ist. Da dieser Stahl aufgrund seiner Härte von bis zu 60 HRC wenig Seitenbelastung verträgt, aber sehr verschleißfest ist, wird er oft als Kernlage für Mehrlagenstahl eingesetzt.

Dreilagenstahl / San-Mai-Stahl

Diese besondere Sorte besteht aus einer Mittellage aus hartem Stahl, dem beidseitig jeweils eine Lage aus weichem, also kohlenstoffarmen, Stahl aufgebracht wird. Der Vorteil liegt in den vereinigten Eigenschaften von Härte und Flexibilität. Während der nordische Dreilagenstahl meist aus korrosionsbeständigen Stählen besteht, kommen bei dem japanischen San-Mai in der Regel nicht rostfreie Sorten zum Einsatz.

Pulvermetallurgischer Stahl (PM-Stahl)

Die meisten Messerstähle werden mit den ausgesuchten Elementen erschmolzen und dann entsprechend ihrer Zweckbestimmung verarbeitet. Da aber die „Zutaten" nicht immer in der gewünschten Anteilsmenge eingebracht werden können, wurde vor einigen Jahrzehnten eine andere, sehr innovative Herstellungsweise erfunden. Dabei wird der Stahl zu feinem Pulver zerstäubt, das dann mittels Hitze knapp unter dem Schmelzpunkt miteinander „verbacken" und unter Hochdruck verpresst wird. Auf diese Weise können mehr Legierungsbestandteile in den Stahl eingebracht werden, als das auf herkömmlichem Wege möglich wäre, da die Bestandteile nicht mehr aufeinander reagieren können. So entstehen Stähle mit ganz besonderen Eigenschaften, die eine Klinge aus diesem aufwendig hergestellten Material zu etwas Besonderem machen.

Damasteel®

Dies ist ein pulvermetallurgischer Stahl aus Schweden, dem durch Verwendung von zwei unterschiedlich härtbaren Sorten verschiedene Damastmuster gegeben werden können. Die Herstellung erfolgt auf ähnliche Weise wie bei den anderen PM-Stählen. Bei dieser rostfreien Damastvariante werden die beiden Stähle in pulverisierter Form geschichtet und anschließend verdichtet. Nach erfolgter Weiterverarbeitung entstehen Muster, die nach dem Ätzen sichtbar werden.

Traditioneller Damaststahl (nicht rostfrei)

Damaststahl wird im Volksmund immer noch sagenhafte Eigenschaften nachgesagt, allerdings entstand dieser früher mehr aus einer Not heraus. In den Anfängen der Stahlherstellung war die genaue Steuerung der wichtigen Eigenschaften wie Härte und Zähigkeit nämlich noch nicht möglich. Das Ergebnis war erst nach der Fertigstellung der Klinge erkennbar.
Um nicht zu harte oder zu weiche Klingen zu erhalten, wurden zwei unterschiedlich kohlenstoffangereicherte Stahlstücke miteinander verschweißt und durch mehrfaches Falten und wiederkehrendes Verschweißen zu einem Block geschmiedet. Die Wahrscheinlichkeit, einen guten Mix aus Verschleißfestigkeit und Flexibilität für die daraus gefertigte Klinge zu erzielen, war damit deutlich erhöht. Das Muster spielte zu der Zeit keine Rolle und gewann erst später als optisches Zeichen der Kunstfertigkeit des Schmiedes an Bedeutung. Die so hergestellten Klingen waren selbstverständlich noch nicht rostfrei.

Traditioneller Damaststahl (rostfrei)

Heutzutage gibt es auch rostfreien Damaststahl. Da sich chromlegierte Stähle durch den in der Luft befindlichen Sauerstoff nicht verschweißen lassen, erfolgt dieser Vorgang unter Schutzgasatmosphäre. Dieses Herstellungsverfahren wurde erst vor wenigen Jahrzehnten erfunden. Der alten Tradition des

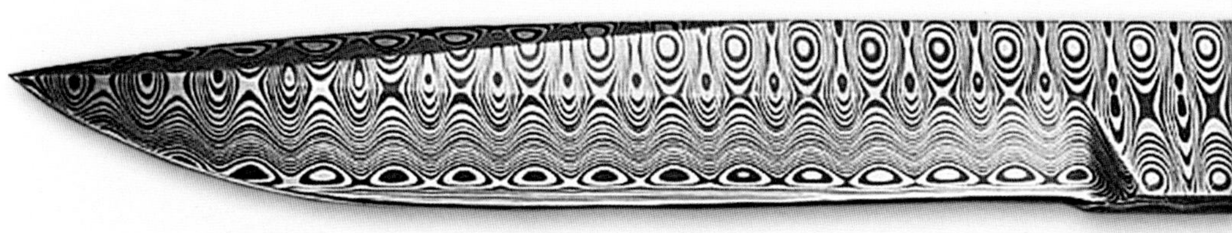

Die Musterung von Damaststahl kann heutzutage gut gesteuert und somit weitgehend vorbestimmt werden. Das konkrete Ergebnis wird aber erst nach dem Ätzen sichtbar.

Carbonstahl wird noch gern für Küchenmesser benutzt.

Damastschmiedens wird damit kein Abbruch getan, sondern eine innovative Komponente hinzugefügt.

Laminat-Walz-Damast

Diese Damast-Variante besitzt eine Kernlage aus rostfreiem Stahl, dem mehrere Schichten ebenfalls korrosionsbeständigen Stahls beidseitig aufgewalzt werden. Diese vielfach laminierte Klinge erhält dadurch ein Damastmuster. Die Lagenanzahl ist stets ungerade (meistens 67, 69 oder 71). Der Vorteil solch einer Klinge liegt nicht in einer Optimierung der Stahleigenschaften, sondern vorrangig im optischen Effekt.

Sandvik 12C27 / 14C28N

Beide Sandvik-Stähle sind rostfrei und werden umgangssprachlich auch als „Schwedenstahl" bezeichnet. Sie unterscheiden sich etwas im Kohlenstoff- sowie im Chromanteil. Trotz einer guten Verschleißfestigkeit lassen sich beide Sorten gut nachschärfen und finden oftmals Verwendung bei der Produktion von Taschenmesserklingen sowie von Jagd- und Outdoormessern.

Kohlenstoffstahl

Wer sich bewusst für ein nicht rostfreies Messer entscheidet, wählt diesen Stahl, der lediglich mit Kohlenstoff versetzt wurde und mit dem man eine sehr feine Schneide erzielen kann. Trotz hoher Schnitthaltigkeit sind solche Klingen gut nachschärfbar und lassen auch einen gröberen Gebrauch zu. Obwohl der rostfreie Stahl bereits vor über 100 Jahren erfunden wurde, haben Messer aus Kohlenstoffstahl noch immer ihre Daseinsberechtigung und werden für viele Anwendungen gern genutzt.

DIN 1.2379 / AISI D2

Ob dieser Werkzeugstahl tatsächlich korrosionsbeständig ist oder nicht, wird oftmals unterschiedlich beantwortet. Der Chromgehalt liegt bei etwa 12 %. Dies ist nur etwas unter der Grenze von 13 %, die für einen rostfreien Stahl notwendig sind. Allerdings ist der Kohlenstoffgehalt von 1,5 % sehr hoch. Da einem hohen Wert an Kohlenstoff auch analog ein höherer Anteil an Chrom entgegengestellt werden muss, kann man in diesem Fall nicht von „rostfrei" sprechen. Zudem ist das Chrom bei dem D2 nicht gleichmäßig im Stahlgefüge verteilt, sondern sprichwörtlich wie „Klümpchen in einer Suppe" gebunden. Kurzum: Dieser Stahl ist bestenfalls etwas rostträger als reiner Kohlenstoffstahl. Da ihre Vorzüge und ursprünglich zugedachten Verwendungen im Bereich von Werkzeugen liegen, ist diese Stahlsorte auch nur sehr bedingt für dünn ausgeschliffene Schneiden geeignet.

DER ZWECK BESTIMMT DIE KLINGENFORM

Universeller oder spezieller Einsatz?
Soll das Messer stechen, schneiden oder wird damit eher geschlagen?
Alles das hat Einfluss auf die Ausgestaltung seiner Klinge.

Klinge

Nicht nur die richtige Stahlsorte, sondern auch die Form der Klinge ist wichtig bei der Wahl eines Messers. Wird das Messer universell eingesetzt oder soll es einem ganz bestimmten Zweck dienen? Von dieser Frage hängt die Ausgestaltung der Klinge ab.

KLINGENFORM

Ein Jagdmesser sollte nicht nur gut schneiden, sondern auch der zugeordneten Aufgabe entsprechend gestaltet sein. Zum Aufbrechen des erlegten Wildes wird eher eine kurze, jedoch kräftige Klinge nützlich sein, die aber nicht zu spitz zugeschliffen ist, um ein versehentliches Einstechen in Innereien zu vermeiden. Ein Abfangmesser dagegen besitzt aufgrund seiner Zweckbestimmung ein langes Blatt mit einer ausgeprägten Spitze. Wer ein Messer für Trekking und zum Camping braucht, ist sicherlich mit einer Mehrzweckklinge, die neben der Schneide auch noch mit einer Sägezahnung und ggf. einer Beilschneide versehen ist, auf der sicheren Seite. Für den universellen Einsatz dagegen wäre eine Klinge geeignet, die nur eine moderat ausgeprägte sowie etwas oberhalb der Klingenachse liegende Spitze besitzt und auf sonstige Besonderheiten verzichtet.

Dies gilt natürlich ebenso für Taschenmesser. Allerdings befinden sich an vielen Exemplaren mehrere Klingen mit ganz unterschiedlichen Formen, die es dem Besitzer erlauben, entsprechend dem jeweiligen Zweck auszuwählen.

Form follows function – der Zweck bestimmt die Klingenform.

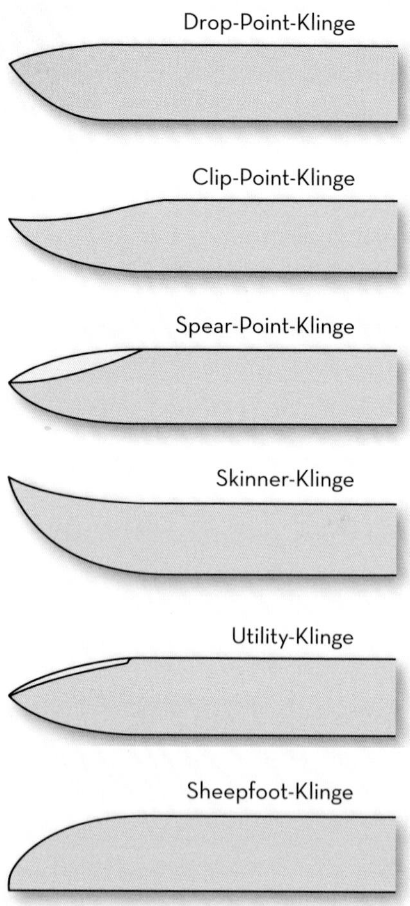

DROP-POINT-KLINGE

Eine solche Klinge besitzt eine Form ähnlich eines Tropfens und ist universell einsetzbar. Der Klingenrücken ist gerade und senkt sich erst kurz vor der Spitze ein wenig ab. Der Klingenbauch besitzt eine Schneide, die nach vorn in einem leichten Bogen in die Spitze, meist etwas oberhalb der Klingenachse, mündet. Ein Messer mit solch einer stabilen Klingenform eignet sich für jagdliche Zwecke ebenso wie zum freizeitlichen und alltäglichen Gebrauch.

CLIP-POINT-KLINGE

Hechtklinge oder auch Bowie-Klinge sind andere Bezeichnungen für diese oft genutzte Form. Die Spitze ist hier ein sehr prägnantes Element. Diese liegt etwas oberhalb der Klingenachse und verläuft mit einem nach innen gewölbten Radius zum Klingenrücken. Der Verbindungsbogen zwischen Spitze und Klingenrücken besitzt eine Phase, die aber meist als Fehlschärfe ungeschliffen bleibt. Die Schneide verläuft im vorderen Bereich mit einem leichten Bogen nach oben zur Spitze. Diese beliebte Klingenform eignet sich für Stiche und Schnitte gleichermaßen und findet sich bei Taschenmessern, Fahrtenmessern und auch bei taktischen Messern sowie den typischen „Bowie-Messern“ wieder.

SPEAR-POINT-KLINGE

Diese besondere Klingenform weist eine Ähnlichkeit mit einer Speerspitze auf. Die Spitze liegt in der Mitte der Klingenachse und besitzt einen hohen Nutzwert wenn es um zu- bzw. einstechende Verrichtungen geht. Dennoch sind damit auch schneidende Arbeiten sehr gut möglich, denn die Schneide verläuft in gesamter Linie über den Klingenbauch und mündet in einem langsam ansteigenden Bogen in die Spitze. Oberhalb dieser besitzt diese Klingenform in den meisten Fällen eine ausgeprägte und geschärfte Phase, die in den Klingenrücken übergeht.

SKINNER-KLINGE

Wie der Name bereits erahnen lässt, handelt es sich hier um eine spezielle Form für Messer zum Abhäuten. Die Spitze liegt oberhalb des Klingenrückens. Dadurch erhält die Schneide einen sehr bauchigen Radius und wird deutlich verlängert. Der Skinner ist ein besonders zweckorientiertes Schneidwerkzeug, kann aber dennoch mehr als erlegtes Wild „aus der Decke schlagen“.

UTILITY-KLINGE

Diese, dem Wortlaut nach „nützliche“ Klingenform, verspricht gebrauchstüchtige Eigenschaften für vielfältige Aufgaben. Sie unterscheidet sich nur wenig von einer Dolchklinge, da auch hier die Spitze in gerader Linie der Klingenachse liegt und die gesamte Form symmetrisch gehalten ist. Allerdings ist lediglich der vordere Teil doppelseitig scharf geschliffen. Die Schneide der Klingenoberseite geht dann in den Klingenrücken über. Damit sind stechende sowie schneidende Arbeiten sehr gut durchführbar.

SHEEPFOOT-KLINGE

Die Schafsfuß-Klinge besitzt keine echte Spitze, sondern einen vom Klingenrücken aus in einem Bogen nach unten bis zur geraden Schneide abfallenden Radius. Dies macht eine solche Klinge zu einem reinen Schneidwerkzeug, das vorwiegend für spezielle Aufgaben geeignet ist. Der Vorteil liegt eindeutig in einer minimierten Verletzungsgefahr und der Verhinderung ungewollten Einstechens. Dadurch ist dies eine ideale Form für Segler-, Rettungs-, aber auch bestimmte Küchenmesser.

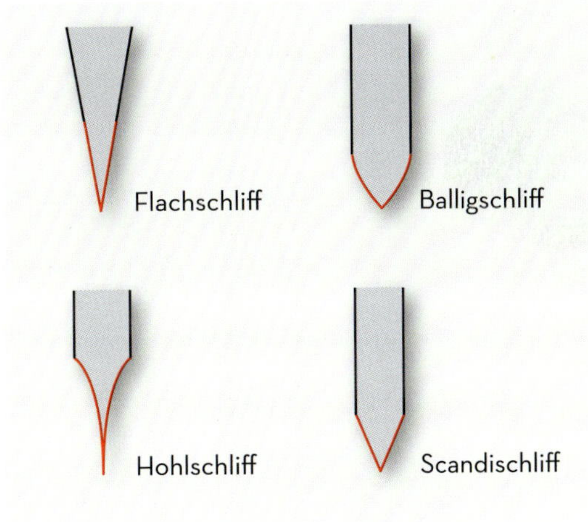

SCHLIFFARTEN

Neben Stahlsorte und Klingenform kommt es bei der Wahl eines Messers auf den Schliff an. Manche Schneiden sind sehr dünn ausgeschliffen und daher lediglich für schneidende Aufgaben geeignet, besitzen diesbezüglich aber auch die besten Eigenschaften. Andere Schliffe besitzen einen größeren Winkel und vertragen einen gröberen Gebrauch. Wer mit seinem Messer sogar hacken möchte, wählt eine Klinge mit starker Schneide, die von möglichst viel Material abgestützt wird und daher ballig ausgeführt ist. Es gibt aber auch einige Klingen, die in Teilbereichen unterschiedliche Schliffe aufweisen und somit vielseitig anwendbar sind. Hier gilt wieder: Der Verwendungszweck sollte vor dem Kauf bedacht werden, damit der beste Nutzwert erzielt werden kann. Sieht man von Sonderschliffen einmal ab, verbleiben hauptsächlich vier Varianten. Dabei handelt es sich um den Flach-, Hohl-, Ballig- und sogenannten Scandischliff.

Flachschliff

Der Flachschliff besitzt eine V-Form. Er kann am Klingenrücken beginnen oder auch unterhalb, sofern vorhanden, des Klingenspiegels. An der Schneide befindet sich eine angeschliffene Wate, also eine Schneidphase, deren Winkel die Schärfe bestimmt. Viele Allroundklingen sind flach geschliffen, da sie gut geschärft werden können und dabei nicht instabil werden.

Hohlschliff

Der Hohlschliff setzt unterhalb des Klingenspiegels an und verläuft in einem nach innen gewölbten Radius zur Schneide. Die Schneide besitzt auch hier eine Wate, die letztendlich für die Schärfe zuständig ist. Klingen mit Hohlschliff eignen sich nicht für gröberen Einsatz, da die Schneide nicht von genügend Material abgestützt wird. Dafür lässt sich aber eine sehr gute Schärfe erzielen. Aus diesem Grund findet sich der Hohlschliff an vielen Klingen von Schneidwerkzeugen für den feinen Gebrauch und vielen Taschenmessern wieder.

Balligschliff

Der Balligschliff ist das Gegenteil vom Hohlschliff, setzt zwar ebenso unterhalb des Klingenspiegels an, verläuft dann aber in einem nach außen gewölbten Radius zur Schneide. Ein angeschliffene Wate ist hier optional. Der klare Nachteil liegt in einer mäßigen Schärfbarkeit, der Vorteil aber in einer unübertreffbaren Schneidenstabilität. Aus diesem Grund ist der ballige Schliff sehr gut geeignet für Messer, die auch zum Hauen genutzt werden.

Scandischliff

Der Scandischliff findet sich im Vorbild vieler skandinavischer Messer wieder. Hier setzt der Schliff grundsätzlich sehr tief unterhalb des Klingenspiegels an und verläuft flach, also v-förmig, direkt zur Schneide, die jedoch keine zusätzliche Schneidphase besitzt. Aufgrund des breiten Klingenspiegels und der geringen Höhe des Schliffes ist so eine Klinge sehr stabil und kann zusätzlich überaus scharf geschliffen werden.

Passion Messergestaltung

Heinz-Peter Knoop, Bildhauer, Designer und Messermacher

Form follows function

Das Messer ist das älteste Handwerkzeug des Menschen. Hier immer wieder Neues zu finden, ist eine reizvolle Aufgabe!
Das Messer hat drei wesentliche Funktions- und Gestaltungsbereiche:

1. **Die Klinge:** Sie wird in Abhängigkeit von ihrem Einsatzbereich gestaltet. Das Verhältnis von Klingenspitze zur Schneidlänge und Schneidbreite ist das maßgebliche Kriterium.
2. **Der Griff:** Die Ausformung hängt ab von der notwendigen Zugriffsart und der bei der Tätigkeit aufzubringenden Kraft.
3. **Der Knebel:** Der Fingerschutz (Knebel/Backe) wird je nach Zug- und Druckbelastung bei einer Tätigkeit ausgeformt.

Hinzu kommt als wichtigster produktbestimmender Faktor noch die Kraftlinie des Messers zur Messerspitze.

Gestaltungsgerüst Beispiel Jagdmesser

Nehmen wir das Beispiel Jagdmesser: Um die wichtigsten Arbeiten zur Wildversorgung erledigen zu können, brauche ich eine Klingenlänge von 100 bis 120 mm, eine Klingenbreite von 24 bis 36 mm. Die Klingenspitze liegt um 1,5 bis 3,5 mm oberhalb der Messermitte (Kraftlinie). Dadurch wird z. B. erreicht, dass die Klinge in Richtung Schneide gleitet, wenn ich auf einen Knochen stoße.
Die Arbeitskraft (Ergonomie) erfordert eine Griffdicke in der Hohlhand von 19 bis 26 mm in dessen Mitte. Nach vorne und hinten sollte sich der Griff verjüngen, da sich dies auf die Übertragung der Haltekraft und auf das Beherrschen der Zug- und Druckkräfte positiv auswirkt („Verminderung von Reibschluss"). In der Gemeinschaft mit dem Knebel optimieren Fingermulden das möglichst noch.

Weitere Entscheidungen

Zu diesem Gestaltungsgerüst treten jetzt noch Entscheidungen zur Wahl von Stahlsorte, Knebel- und Schalenmaterial hinzu sowie die Fertigungsentscheidung „geschraubt", „genietet" oder „geklebt". Sammlermesser lassen in diesen Punkten einen größeren Gestaltungsspielraum, da für sie auch wertvollere Materialien verwendet werden können.

Zum Schluss

Auf den vorgenannten Grundbausteinen aufbauend, ist das breite Angebot an Jagdmessern möglich geworden. Eine der optimalen Gestaltungen unter der Zielsetzung „form follows function" sind die Messerserien 2+2 von PUMA. Neben der des Messers hat natürlich noch die Gestaltung der jeweiligen Scheide große Bedeutung.
Dass ich nach 44 Jahren freier Mitarbeit für einen renommierten deutschen Messerhersteller meine Gestaltungen auch selbst fertigen kann, habe ich dem Mitarbeiterteam und insbesondere der jahrzehntelangen Zusammenarbeit mit Harald Lauer, zu verdanken. So denke ich, mich nach all den Jahren, nicht zuletzt nach der Fertigung des „Jahresmessers 2019", als Messermacher bezeichnen zu dürfen.

Bei der Messerserie 2+2 aus Heinz-Peter Knoops Feder ist alles durchdacht:
der Klingenstahl, das Material der Backen und Griffschalen sowie vor allem die Form.

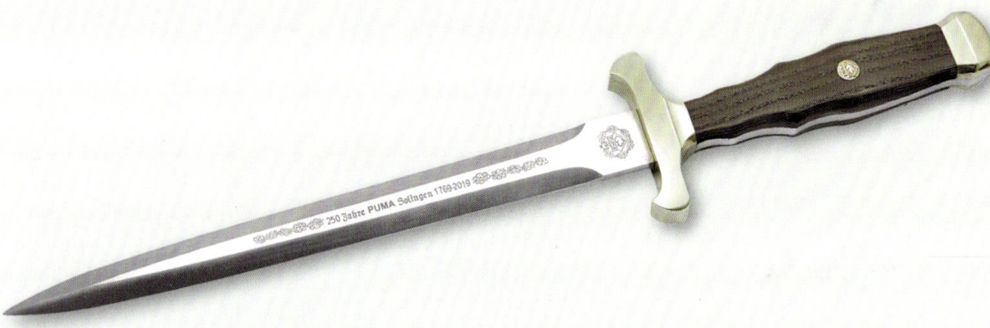

Von Heinz-Peter Knoop nicht nur designt, sondern auch gefertigt, kann das „Jahresmesser 2019" in Dolch-Form als Hirschfänger eingesetzt werden, aber auch als Blickfang in einer Sammlervitrine dienen.

Bereits 1975 entwickelte H.-P. Knoop das Abfangmesser „Rüdemann".
Nach 40 Jahren überarbeitete er den Griffbereich des beliebten Klassikers nach ergonomischen Gesichtspunkten, die Klinge behielt ihre bewährte Form.

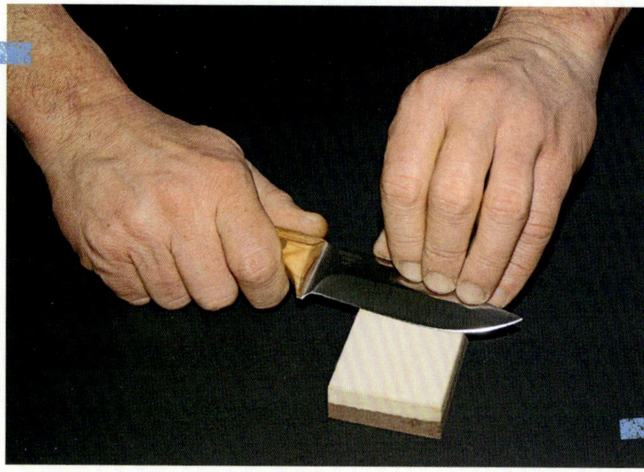

PFLEGE IST WICHTIG

Dazu gehört bei einem Messer natürlich auch, die Klingenschneide scharf zu halten. Das kann mithilfe von Schleifsteinen oder verschiedenen Schärfgeräten geschehen.

Messerpflege

Die Pflege eines Messers beginnt grundsätzlich mit dessen pfleglicher Behandlung. Wer es zweckentfremdet und einer Belastung aussetzt, die seinen konstruktionsbedingten Eigenschaften zuwiderläuft, wird auch das hochwertigste Messer unweigerlich beschädigen. Worauf es außerdem ankommt, verrät dieses Kapitel.

GRIFFMATERIAL

Der Messerbesitzer muss wissen, welches Griffmaterial verarbeitet wurde. Ein Holzgriff beispielsweise darf nicht übermäßig großen Temperaturschwankungen ausgesetzt werden, da sonst Risse im Holz entstehen. Hier bedarf es auch ab und zu etwas Spezialöls, um ein Ausbleichen zu verhindern.

KLINGE

Besteht die Klinge nicht aus korrosionsbeständigem Stahl, ist auf regelmäßiges Einfetten zu achten. Zudem sollten besonders feststehende Messer aus Kohlenstoffstahl nicht dauerhaft in der Gürtelscheide aufbewahrt werden, da, wie schon erwähnt, die im Leder enthaltene Gerbsäure das Klingenmaterial angreifen kann. Für eine gute und schonende Lagerung von Messern gibt es im Fachhandel spezifische Taschen, die mit einer weichen Fütterung versehen sind.

Bei Taschenmessern ist darauf zu achten, nicht nur den Bereich der Klingenlagerung, sondern auch die Federn in der ganzen Länge leicht einzuölen. Und schließlich gilt natürlich was für alle Gebrauchsgegenstände gelten sollte: Nach jeder intensiven Benutzung erfolgt eine gründliche Reinigung!

SCHÄRFEN

Zur Pflege eines Messers gehört auch ein regelmäßiger Blick auf die Schneide. Hat sich die Schneidphase bereits etwas abgenutzt? Dann gilt es nachzuschärfen.

Heutzutage gibt es aufgrund des vielfältigen Angebotes an Schleifgeräten unzählige Möglichkeiten, ein Messer wieder scharf zu bekommen. Hierzu zählen Methoden mittels altbewährten Schleifsteinen, Wetzstählen, speziellen Schärfgeräten (bei denen der Schleifwinkel per Führung vorgegeben ist), Diamantfeilen, haushaltsüblichen Schnellschärfern bis hin zu modernen Bandschleifern und ausgetüftelten Konstruktionen.

Welche Methode auch gewählt wird, bei allen Schleifarbeiten ist darauf zu achten, dass die Klinge nicht überhitzt wird und so an Härte verliert. Die notwendige Schärfe einer Klinge sollte der Besitzer auch immer selbst bestimmen. Man muss sich nicht unbedingt mit jedem Messer rasieren können, eine gute „Gebrauchsschärfe" reicht für die meisten Schneidaufgaben vollkommen aus.

TIPP

Besitzt ein Klappmesser mehrere Klingen, dürfen niemals zwei Teile, die zusammen auf einer Feder gehen, zugleich nur halb geöffnet werden. Die Feder steht sonst auf doppelter Spannung, wird überlastet und kann brechen.

SCHÄRFGERÄTE – TYPENBEISPIELE

1.

V-Schärfer: Schleifmittelstäbe, die in einem vorbestimmten Winkel auf einer Bodenhalterung fixiert sind. Die Schneide der Klinge wird senkrecht angelegt und manuell daran entlanggeführt.

2.

Führungsschärfer: Schleifmittelstäbe, die in einem vorbestimmten Winkel manuell über die Schneide einer fixierten Klinge geführt werden.

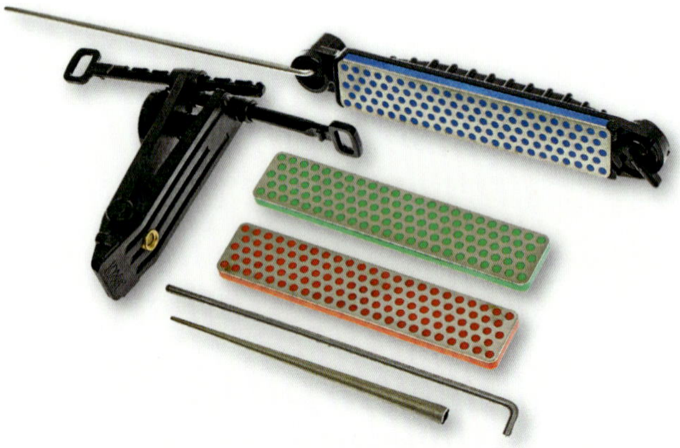

3.

Haushaltsschärfer: Standgeräte mit zwei in einem bestimmten Winkel zueinander eingefassten Hartmetalleinsätzen, durch die die Klinge der Länge nach gezogen wird.

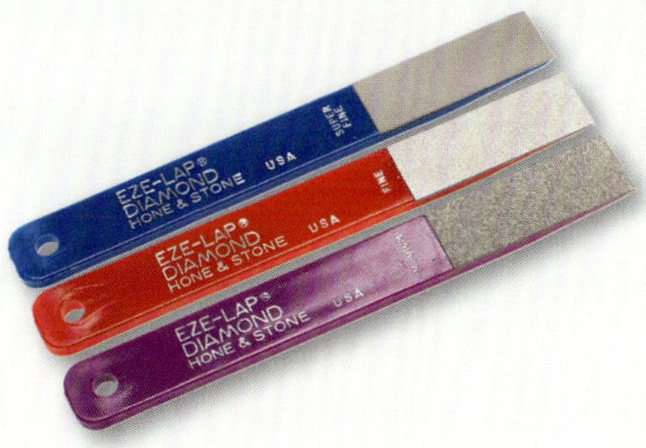

4.

Schärffeilen: Feilen, die zumeist mit Diamantschleifmittel belegt sind und manuell ohne Führung in einem bestimmten Winkel an der Schneide entlanggeführt werden

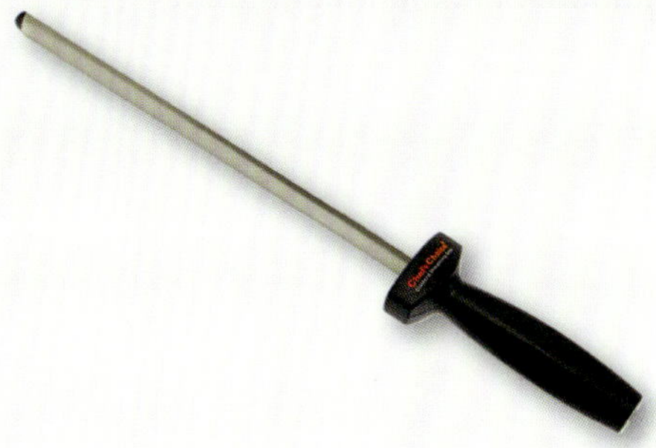

5.

Wetzstähle: runde Stahlstäbe, die handgeführt in einem bestimmten Winkel beidseitig im Wechsel über die Schneide geführt werden. Die Phase wird damit, zumindest kurzfristig, aufgerichtet.

6.

Schleifsteine: rechteckig ausgestaltetes Steinmaterial (Natur oder Synthetik) zum manuellen Schärfen von Klingen. Die notwendige Schmirgelmasse wird durch Auftragen von Wasser oder Öl erzeugt.

7.

Elektrische Schleifmaschinen: Geräte zum Schleifen und Schärfen, denen ein Motor als Energiequelle zur Verfügung steht. Als Schleifmittel dienen Steinscheiben oder Schleifbänder.

Althergebracht, aber nach wie vor üblich ist das Schärfen auf Schleifsteinen.
Vor dessen Einsatz muss man sich für Öl oder Wasser entscheiden – beides geht nicht!

Ölstein

Ist die Klinge noch keilförmig und dünn, so braucht sie nur abgezogen zu werden. Das geschieht mit Ölstein und Schärföl. Der Stein wird gut mit Schärföl benetzt und das Messer in einem Winkel von etwa 30 Grad schräg zur Oberfläche gehalten. Dann wird die fest aufgedrückte Klinge mit nach rechts aufgelegtem Rücken schräg gegen die Schneide zu sich hergezogen. Nach zwei Zügen wird das Messer gewendet und mit nach links aufgelegtem Rücken gegen die Schneide, also von sich weggestrichen. Beim Nachschärfen muss das Gefühl entstehen, dass eine dünne Scheibe von dem Schärfstein abgeschnitten wird. Wiederholt wird das Ganze, bis das Messer die gewünschte Schärfe hat.

Wasserstein

Ist das Messer schon des Öfteren abgezogen worden und die Klinge ballig und dick, muss sie auf einem Wasserschärfstein nachgeschliffen werden. Vor dem Schärfen der Klinge muss sich der Schärfstein gründlich mit Wasser vollsaugen.
Die Klinge wird nun zunächst auf der groben Seite des Steins dünn gescheuert. Hierzu nimmt man das Messer in die rechte Hand und legt die Klinge fast flach auf den Stein. Nun scheuert man einige Striche gegen die Schneide. Anschließend wird genau die gleiche Anzahl an Strichen mit nach links geneigter Klinge ausgeführt. Die Klinge muss fest auf den Stein gedrückt werden – als sollte eine dünne Scheibe davon abgeschnitten werden. Ist die Klinge dünn genug gescheuert, so zeigt sich ein deutlicher Grat an der Schneide. Ihn erkennt man bei gutem Licht als hellen Streifen auf der Schneide oder fühlt ihn als rauen Widerstand, wenn die Fingerkuppe leicht über die Schneide hinwegstreicht.
Nun muss das Messer abgezogen, d.h. der dünne Grat entfernt werden. Hierzu kommt die feine Seite des Schärfsteins zum Einsatz. Das Messer wird wieder im Winkel von etwa 30 Grad schräg zur Oberfläche des Steins gehalten und die fest aufgedrückte Klinge schräg gegen die Schneide zu sich hergezogen: jeweils zwei Züge mit nach links und zwei Züge mit nach rechts geneigtem Klingenrücken. Nach wenigen Zügen ist dann das Messer scharf abgezogen.

REGELN FÜR DEN UMGANG MIT MESSERN

Zum Abschluss dieses Kapitels über Messer im Allgemeinen seien hier noch die wichtigsten Sicherheitsegeln für den Umgang mit diesen Werkzeugen aufgeführt:

- Für jede Arbeit ein zweckbestimmtes Messer benutzen
- Schneidunterlagen nicht zu klein wählen und rutschsicher auflegen
- Fallenden oder wegrutschenden Messern nicht hinterhergreifen
- Klingenschneide und -spitze immer vom Körper abgewandt halten
- Mit dem Messer in der Hand ausreichend Abstand zu anderen Menschen wahren
- Anderen ein Messer mit dem Griff voraus und nach unten zeigender Schneide übergeben
- Messer niemals achtlos ablegen oder mit anderen Gegenständen verdecken
- Beim Schneiden und Schnitzen konzentriert arbeiten
- Schnittverletzungen umgehend fachgerecht versorgen (lassen)

Sicherheitsregel: Messerübergabe mit Griff voraus und Klingenrücken nach oben.

DRUM PRÜFE, WER SICH ANS MESSER BINDET

Wer lange Freude daran haben will, prüft das potenzielle Wunschmesser im Fachgeschäft auf die Einhaltung einiger Qualitätskriterien. Grundsatzfragen wie Verwendungszweck und „feststehend oder Klappmesser“ sind oft schon im Vorfeld klar.

Worauf achten beim Messerkauf?

Schon vor dem Neuerwerb eines Messers werden sicherlich einige Überlegungen angestellt: Welchem Verwendungszweck soll das Messer dienen? Soll es ein Modell mit feststehender oder doch lieber mit klappbarer Klinge sein? Vielleicht sind auch schon Stahlsorte und Griffmaterial entschieden. Einige wichtige Fragen kann aber erst das Messer selbst beantworten.

Im Fachgeschäft können verschiedene Messermodelle begutachtet und geprüft werden. Hier kommt es darauf an, sich ausreichend Zeit zu nehmen und genauere Blicke auf die zur Auswahl stehenden Messer zu werfen.

ALLGEMEINZUSTAND

Der erste prüfende Bick sollte dem Äußeren des Messers und folgenden Fragen gelten:

- Sind optische Fehler vorhanden? Grobe Bearbeitungsspuren, tiefe Schleifriefen in der Klinge sowie unsaubere Materialübergänge zwischen den Monturen und Griffschalen müssen nicht sein!
- Wie ist die Beschaffenheit des Griffmaterials? Naturprodukte können aufgrund unsachgemäßer Lagerung Rissbildungen und Schrumpfungen aufweisen!

Ist alles passgenau? Sind z. B. die Übergänge von Griffschalen zu Monturen sauber gearbeitet?

Ausgeklappt und arretiert, muss eine Taschenmesserklinge kerzengerade fluchten.

In geschlossenem Zustand soll die Klinge des Klappmessers exakt mittig zwischen den Griffbacken liegen.

KLINGE

Eine genaueren Betrachtung müssen auch die Klinge und ihr Zustand unterzogen werden.
Ist das Schliffbild der Klinge ebenmäßig und ist die Schneide ab Werk bereits scharf abgezogen? Ein hochwertiges Qualitätsprodukt sollte keine nachträgliche Heimarbeit notwendig machen!

TASCHENMESSER-KRITERIEN

Bei Taschenmessern mit ihrer beweglichen Klinge sind noch weitere Kriterien von Bedeutung.

- Läuft die Klinge beim Öffnen und Schließen geschmeidig und glatt? Nimmt man nämlich ein Kratzen wahr, ist ein vorzeitiger Verschleiß der Mechanik vorprogrammiert!
- Rastet die Taschenmesserverriegelung zuverlässig ein? Ein ungewolltes Zuklappen der Klinge birgt eine hohe Verletzungsgefahr und darf nicht sein!
- Sitzt die Klinge im geöffneten Zustand fest oder besteht ein deutliches Spiel und lässt sich hin und her bewegen? Etwas „Bewegungsfreiheit" kann konstruktionsbedingt auftreten, das darf jedoch nicht über ein tolerierbares Maß hinausgehen!
- Fluchtet die geöffnete Klinge gerade und liegt sie in geschlossenem Zustand fest im Griff? Ist das nicht so, wird die Klinge immer wieder an den innenliegenden Platinen schaben. Sie kann dadurch Schaden nehmen!

MESSERSCHEIDE

Passt die mitgelieferte Scheide bzw. das beigefügte Gürteletui? Dies ist eine Grundvoraussetzung für ein Mitführen des Messers ohne Verlustrisiko! Wenn diese Punkte zur Zufriedenheit geklärt sind, kann das gewählte Messer seinem Besitzer nicht nur nützlich sein, sondern auch ein Leben lang viel Freude bereiten.

TIPP

Wie steht es mit der Handlage des gewählten Stücks? Ein Messer muss gut in die eigene Hand passen. Es darf unter keinen Umständen irgendwelche Druckstellen verursachen!

Die Schneide eines neuen Messers muss scharf sein. Daheim erst einmal nachschärfen zu müssen, kann es nicht sein.

FÜR JÄGER, FALKNER UND DIE FISCHWAID

MESSER GEHÖREN UNTRENNBAR ZUR JAGD ...

... wie Gewehre, Ferngläser, Zielfernrohre und vor allem ebenso verantwortliches wie ethisch vertretbares Handeln. Für das Erlösen kranken Wildes und die hygienisch einwandfreie Verarbeitung erlegter Tiere steht eine breite Messerpalette zur Auswahl.

Jagdmesser

Die meisten für das Waidwerk konzipierten Klingenwerkzeuge werden in der Jägersprache als „kalte Waffen" bezeichnet. Der Begriff verdeutlicht den Unterschied zu den „Feuerwaffen", also Pistolen, Revolvern und Gewehren. Wo sich deren Einsatz aus Sicherheitsgründen verbietet, nutzt der waidgerechte Jäger z. B. den Hirschfänger oder die Saufeder ein, um Wild „abzufangen".

URALTE HISTORIE

Die Jagd ist so alt wie die Menschheit. Bereits in der Frühzeit war es notwendig, zur Beschaffung von Nahrung und Kleidung Tiere zu erlegen und anschließend zu verwerten. Es galt also, hierfür geeignete Werkzeuge herzustellen. Speere, die aus einer bestimmten Distanz geworfen werden konnten, gehörten mit zu den ersten Waffen des frühzeitlichen Jägers. Später kamen dann zusätzlich Pfeil und Bogen zum Einsatz, die auch auf größere Entfernung treffsicher waren. Zum Zerlegen des erbeuteten Wildes wurden kleine bis mittelgroße, scharfkantige Steine benutzt. Im Rückblick erkennt man, dass sich bis heute eigentlich gar nicht so viel geändert hat. Der jagdlich genutzte Speer fand seinen Nachfolger in der Saufeder, Pfeil und Bogen wurden durch das Gewehr ersetzt und aus den steinzeitlichen Klingen wurden Jagdmesser, die für universelle, aber auch ganz spezifische Arbeiten ausgelegt sind.

Messer für jeden Zweck

Wer schon einmal an einer Jagd teilgenommen hat, weiß, dass sich die benötigten „Blankwaffen" an dem bejagten Wild orientieren. Demzufolge unterscheiden sich bei der Pirsch auf Sauen, Hochwild, Niederwild oder Vögel die zu verwendenden Messer teilweise nicht nur in der Länge, sondern oft auch in der Form.
Zum Abfangen von Rotwild und vor allem des Hirsches wurde der Hirschfänger entwickelt. Er besitzt ein langes Blatt sowie einen ausgeprägten Handschutz. Dies gilt analog hierzu auch für den Saufänger. Für das Erlösen des weidwunden Rehes wurde bis vor einiger Zeit noch der Nicker benutzt. Heute ist das sogenannte Abnicken eine tierschutzrechtlich kaum noch vertretbare Methode und deshalb ein nicht mehr gebräuchlicher Anachronismus. Als Schneidwerkzeug gehört der Nicker aber auch weiterhin zur Jagdausrüstung.

Den Hirschfänger kennzeichnet seine lange, schmale Klinge.

1

2

1. Waidbesteck aus Waidblatt und Jagdnicker in einer Scheide

2. Jagdtaschenmesser in traditionellem Stil haben auch heute noch Griffschalen aus Hirschhorn, können aber neben der Hauptklinge unterschiedlich viele Werkzeuge besitzen.

Wildversorgung

Beim Versorgen, also dem Abhäuten und Ausnehmen des erlegten Stückes, kommen ebenfalls die unterschiedlichsten Jagdmessertypen zum Einsatz. Das Abhäuten wird mit dem Skinner verrichtet, für das Aufschneiden der Bauchdecke kann eine spezielle „Aufschärfklinge" mit verrundeter Spitze genutzt werden, und das „Aufbrechen", sprich Ausweiden, erfolgt in aller Regel mit der gewöhnlichen Jagdmesserklinge, meist in Drop-Point-Form.

Waidbesteck

Nicht selten trägt der Jäger auch ein Waidbesteck bei sich. Dieses besteht aus einem Waidblatt sowie einem Jagdnicker. Beide Messer werden in einer Doppelscheide am Koppel getragen und ermöglichen als Einheit die Verrichtung ganz unterschiedlicher Aufgaben im Revier.

Neben den Messermodellen mit feststehender Klinge gibt es zusätzlich praktische Universaljagdtaschenmesser. Sie beinhalten im Griff neben der Hauptklinge noch mehrere Werkzeuge, wie beispielsweise Knochensäge, Aufschärfklinge und auch manchmal einen Korkenzieher. Aufgrund ihres relativ hohen Gewichtes werden diese umfangreich ausgestatteten Klappmesser meist in einer passenden Gürteltasche oder einem dazugehörigen Wildlederbeutel getragen.

JAGDTASCHENMESSER

Jeder Jäger sollte zumindest ein Jagdtaschenmesser besitzen. Es dient nicht nur zum Versorgen des erlegten Wildes, sondern ist auch ein notwendiges Schneidwerkzeug für allerlei andere Verrichtungen im Revier. Die im Fachhandel angebotene Palette ist recht umfangreich und reicht von einfachsten

3

5

4

3. Handgefertigtes PUMA-Jagdtaschenmesser aus Solinger Produktion mit feststellbarer Hauptklinge sowie Aufbrechklinge, Säge und Korkenzieher aus 1.4110er-Stahl. In den Hirschhornschalen-Griff ist ein Gravurschild eingelassen.

4. PUMA IP Jagdtaschenmesser Orange III: stabiles Klappmesser in modernem Stil mit Rückenfederverriegelung für alle drei Elemente (Hauptklinge, Aufbrechklinge, Säge) aus AISI 440A. Die verschraubten Schalen bestehen aus G10-Kunststoff.

5. Vierteiliges Herbertz-Jagdtaschenmesser mit 8 cm langer Hauptklinge aus DIN 1.4116 sowie Sägeblatt, Aufbrechklinge und Korkenzieher. Die Griffschalen bestehen aus Hirschhorn.

Modellen bis zu sehr hochwertigen Stücken, die noch an nachfolgende Generationen weitergegeben werden können.

Griffmaterial

Ein traditionsbewusster Waidmann wird sicherlich ein Messer mit Griffschalen aus Hirschhorn oder zumindest Holz bevorzugen. Allerdings sind in den letzten Jahren auch vermehrt modern gestaltete Modelle mit hellen, leuchtenden Kunststoffgriffen auf den Markt gekommen, die sehr funktionell gestaltet sind und den Ansprüchen des praxisorientierten Jägers gerecht werden.

Optionale Zusatzwerkzeuge

Allen Jagdtaschenmessern gemeinsam ist, dass sie zumindest eine feststellbare Klinge besitzen. Die meisten Jagdtaschenmesser verfügen aber über zusätzliche

FLUGWILDHAKEN – HINFÄLLIG

Wer noch ein altes Universaljagdtaschenmesser besitzt, wird wahrscheinlich auch einen sogenannten Flugwildhaken daran finden. Das „Aushakeln", also die vorläufige Entfernung nur des Darms mittels Hakens durch die Kloake des Vogels, entspricht nicht mehr den Wildbrethygienestandards. Dieses Zusatzwerkzeug ist heute also überflüssig.

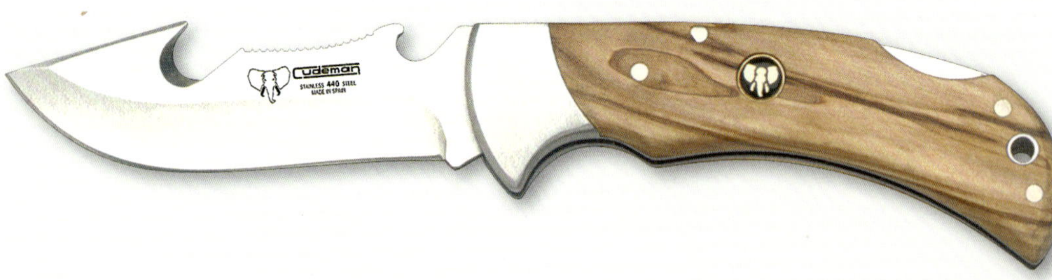

1

1. Cudeman 370-L Jagd-Schließmesser mit einer Klinge aus 440A-Stahl, integriertem Aufreißhaken und Kapselheber, gemaserten Olivenholzschalen sowie Backen aus rostfreiem Stahl

2. Jagdnicker vom PUMA-Waidbesteck: Der kleine Jagdnicker (Design nach Frevert) besitzt eine gut 10 cm lange Klinge aus DIN 1.4116. Hirschhornschalen, Parierelement und der Abschlussknauf sind mit einem durchgehenden Erl vernietet.

3. Klassisches Nicker-Flachangel-Modell von Linder aus geschmiedetem 1.4116er-Stahl. Die Griffbeschalung besteht aus Kirschholz. Diese Modellreihe wird seit über 100 Jahren gefertigt und mit unterschiedlichen Messerscheiden angeboten.

4. Linder Forstnicker: universeller Nicker mit ca. 11 cm langer Klinge aus 440er-Stahl. Auf dem durchgehenden Flacherl sind genietete Hirschhornschalen befestigt.

5. Linder Forester: Integralnicker aus einem Stück 440er-Stahl mit Griffschalen aus Hirschhorn. Die Länge der polierten Klinge beträgt ca. 9 cm.

2

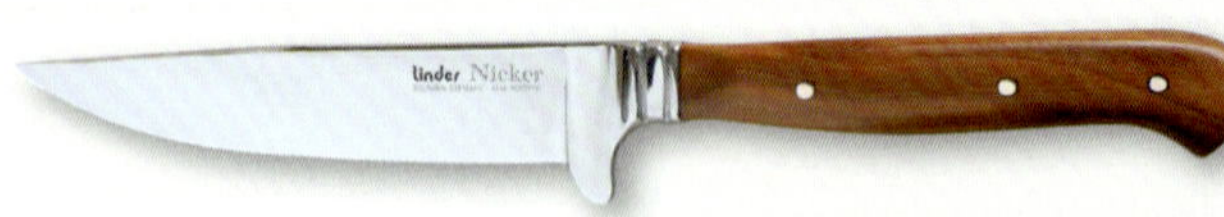

3

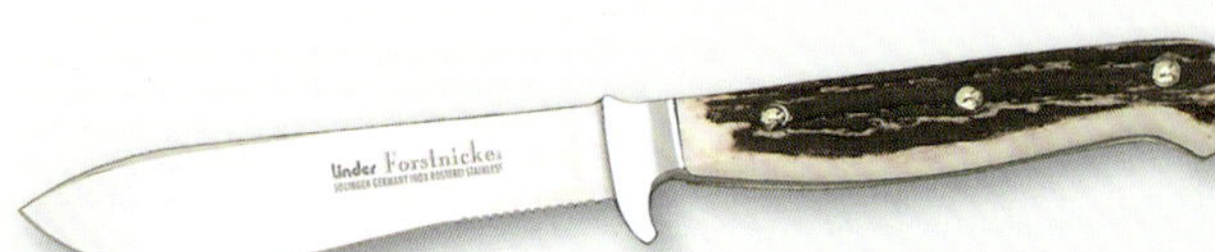

4

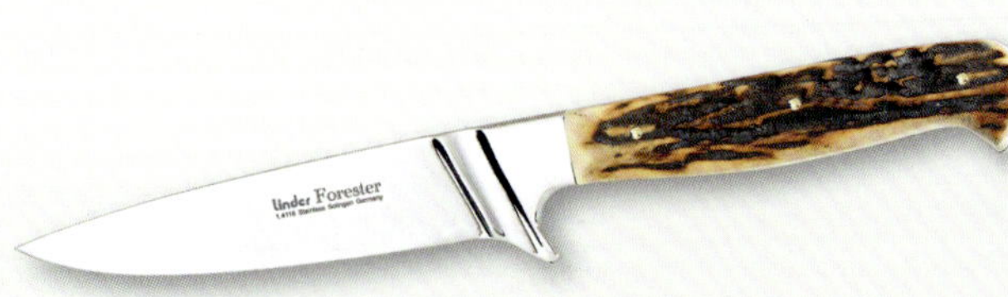

5

Werkzeuge, die im Griff integriert sind. Dazu gehört eine Aufbruchklinge. Mit ihr wird die Bauchdecke des erlegten Wildes aufgeschärft. Solch eine Spezialklinge ist überaus scharf geschliffen und verfügt – ähnlich einem Rasiermesser – über einen einseitigen Hohlschliff sowie eine verrundete Spitze, oftmals mit einer tropfenförmigen Verdickung. Diese verhindert, dass bei dem Aufschneiden Innereien verletzt werden und die Wildbrethygiene darunter leidet.
Als weiteres optionales Element dient eine Knochensäge, an deren Basis oft zusätzlich ein Flaschenöffner eingeschliffen ist. Die Säge wird auch zum Zerwirken des Wildkörpers verwandt, falls diese Arbeit noch im Revier durchgeführt wird.
Ein am Griffrücken angebrachter und um 90 Grad ausklappbarer Korkenzieher gehört auch heute noch zum traditionellen Jagdtaschenmesser und macht es komplett.

Transport und Aufbewahrung

Ein voll bestücktes und mit massiven Backen sowie den notwendigen Platinen als Zwischenlagen für die eingeklappten Werkzeuge ausgestattetes Taschenmesser ist recht schwer. Aus diesem Grund ist das Tragen solcher massiven Modelle in der Hosentasche unpraktisch. Zum Transport und zur Aufbewahrung empfiehlt sich ein passender Wildlederbeutel. Modelle mit nur einer Klinge können dagegen auch bequem per Holster am Gürtel oder einfach in der Jackentasche mitgeführt werden.

Klingenstahl

Die für Jagdtaschenmesser verwendeten Stahlsorten sind heutzutage in der Regel rostfrei. „Exotische" Stähle, wie beispielsweise Damast, werden nur sehr selten eingesetzt. Im Vordergrund stehen gebrauchsorientierte Klingenformen und gute Nachschärfbarkeit sowie eine hochwertige Verarbeitung. Ob nun ein Modell mit traditionellem Griffmaterial oder pflegeleichten Kunststoffen gewählt wird, ist in der Praxis unerheblich. Entscheidend ist letztendlich die Qualität des Messers. Und wer sich einmal für ein handgefertigtes Jagdtaschenmesser entschieden hat, kann sogar ein Leben lang Freude daran haben – zweckbestimmter Umgang und entsprechende Pflege vorausgesetzt!

NICKER

Der Nicker ist eines der bekanntesten Jagdmesser im deutschsprachigen Raum. Zusammen mit dem Waidblatt bildet der Nicker das sogenannte Waidbesteck.
Aufgrund seiner Zweckbestimmung war die Klinge des Nickers in den Anfängen stets sehr spitz ausgeführt und verbreiterte sich kontinuierlich nach hinten in Richtung Griff. Mit der Zeit etablierten sich aber zusätzlich Nickerklingen, die eine etwas moderatere Spitze und somit eine universelle Form besitzen. Infolgedessen gehört der Nicker auch weiterhin zu den gern und oft genutzten Gebrauchsmessern des Waidmannes.
Jagdlich genutzte Messer sollten eine gute Stabilität besitzen. Aus diesem Grund sind gute Jagdnicker mit einem Flachschliff versehen und werden inklusive Knebel und Flacherl aus einem Stück geschmiedet. Typischerweise bestehen die aufgenieteten Griffschalen aus Hirschhorn, manchmal aber aus anderen Naturmaterialien.

Trachten-Nicker

Anders sieht das mit vielen im Freistaat Bayern auch als „Trachtenmesser" genutzten Nickern aus. Die Klinge weist traditionell nach wie vor die Urform mit ausgeprägter Spitze auf, und die Konstruktion unterscheidet sich ebenfalls von der jagdlich genutzten Version.

ABNICKEN

Der Begriff „Nicker" entstammt seiner ursprünglichen Funktion als „Genickfänger". Beim sogenannten Abnicken wurde dem Reh die Spitze der Nickerklinge von oben zwischen Hinterhauptbein und ersten Halswirbel gestochen. Allerdings konnte nur der geübte Jäger das verängstigte Tier verlässlich schnell auf diese Weise erlösen, sodass diese Praxis, wie erwähnt, heute nicht mehr gebräuchlich ist.

TIPP

Das Waidblatt ist nicht „out": Wie der Nicker hat es als Ausrüstungsgegenstand bei der traditionellen Jagd seine Bedeutung.

Der Trachtennicker wird zwar ebenfalls mit dem Handschutz geschmiedet, besitzt aber in vielen Fällen einen Runderl, auf dem ein aufgeklebter Hirschhorngriff sitzt. Diese Bauweise reduziert die Stabilität und macht diese Nickerform zu einem reinen Schneidwerkzeug. Dafür sind allerdings der Fantasie bei der Griffgestaltung keinerlei Grenzen gesetzt. Aufwendig verzierte Stücke, teilweise sogar mit einer im Griff integrierten Tabakdose, bereichern die Angebotspalette enorm. Als fester Bestandteil der Tracht wird der Nicker in einer speziell für diesen Zweck an der (Leder-)Hose befindlichen Nickertasche getragen. Als zünftige Brotzeitmesser besitzen diese traditionellen Modelle einen festen Platz in der landesbezogenen Brauchtumspflege.
Egal ob als Jagdmesser oder Trachtenmesser genutzt: Der Nicker findet sich seit weit über 100 Jahren in den Musterbüchern der Solinger Hersteller wieder und wird mit Sicherheit auch in der weiteren Zukunft seinen Nimbus als „typisch deutsches Messer" behalten.

WAIDBLATT

Die historischen Anfänge des Waidblattes liegen bereits einige Jahrhunderte zurück. Ihre Laufbahn begann diese „kalte Waffe" als Standhauer, also einem sehr kräftigen Jagdmesser, das hauptsächlich zum Behauen von Gehölz genutzt wurde. Zusammen mit einem kleinen Beimesser sowie einem Wetzstab bildete es das sogenannte Waidbesteck.
Vor etwa 100 Jahren erlebte das Waidblatt, wiederum in Kombination mit einem zusätzlichen Messer, eine Renaissance, aber mit anderer Zweckbestimmung. Von unterschiedlichen Entwicklern in den 1930er- und 1940er-Jahren auf den deutschen Markt gebracht, war es nunmehr in erster Linie als Abfangmesser für stärkeres und somit wehrhaftes Wild konzipiert. Je nach Ausführung und Designer wichen die Klingenformen der verschiedenen Modelle dennoch teilweise deutlich voneinander ab.

1

2

1. Klassischer Trachtennicker von Linder mit Runderl und einer mit Schnitzarbeit versehenen Hirschhornrolle als Griff. Die 11 cm lange Klinge besteht aus 1.4116er-Stahl.

2. PUMA „Bock": klassischer Nicker aus DIN WN 1.4034 in geschmiedeter Ausführung. Die Einheit aus Klinge, Handschutz und Flacherl wird nur durch die Hirschhornschalen ergänzt. Die dazugehörige Steckscheide besitzt ein Ort- und Mundblech, aber keine Gürtelaufhängung.

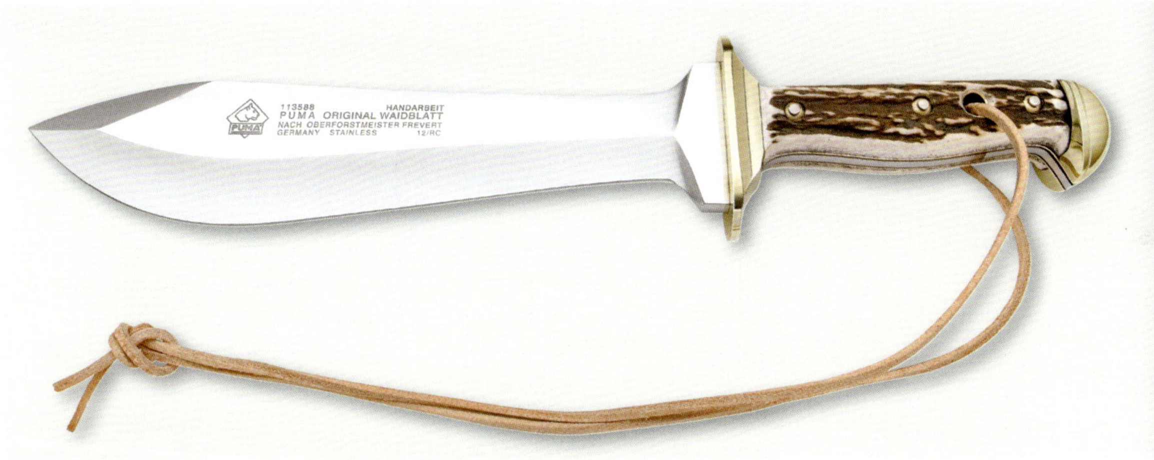

3

4

5

3. PUMA-Waidblatt: schweres, geschmiedetes Hau- und Abfangmesser aus Solingen nach Vorgaben Walter Freverts. Die 8 mm starke und knapp 22 cm lange 1.4116er-Klinge ist auf 55–57 HRC gehärtet. Ein durchgehender Flacherl trägt Hirschhornschalen und Neusilber-Monturen.

4. Modernes Eickhorn-Waidbesteck aus dem Abfangmesser Boar Hunter mit Dolchklinge und Beimesser in einer Kombi-Lederscheide.

5. Sowohl das Para-II-GS-Beimesser als auch das Abfangmesser des Eickhorn-Waidbestecks bestehen aus DIN-1.4110-Stahl.

Waidblätter nach Lippert und Scholz

Das vom Künstler und Jäger Karl Friedrich Lippert entworfene Waidblatt besaß einen besonders ausgeprägten und doppelseitig geschärften Ortbereich. Das Eindringen in den Wildkörper wurde damit erheblich erleichtert und machte diese Blankwaffe als Abfangmesser besonders effektiv.
Nicht nur zum Abfangen, sondern auch als Hack- bzw. Haumesser hatte sich Carl Scholz eine extravagante Variante ausgedacht. Der vordere Teil seiner Klinge war äußerst breit und dick ausgeführt, der weitere Verlauf des Blattes verlief dann relativ schmal nach hinten in Richtung Griff aus. Weder das Modell von Lippert noch das von Scholz wird heute noch gefertigt.

Waidblatt Modell Frevert

Nach wie vor auf dem Markt erhältlich ist das von Oberforstmeister Walter Frevert entworfene Waidblatt,

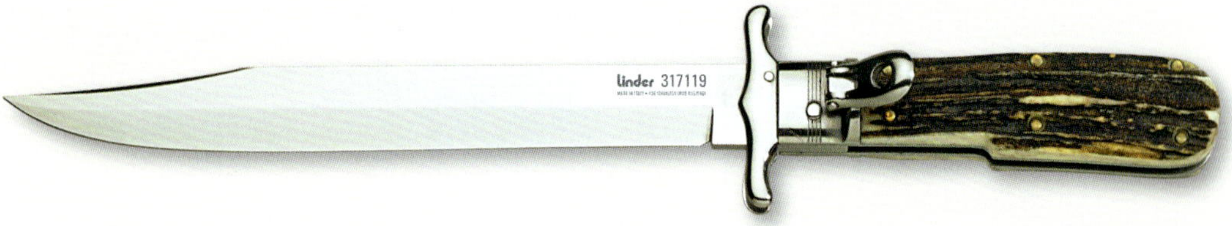

1

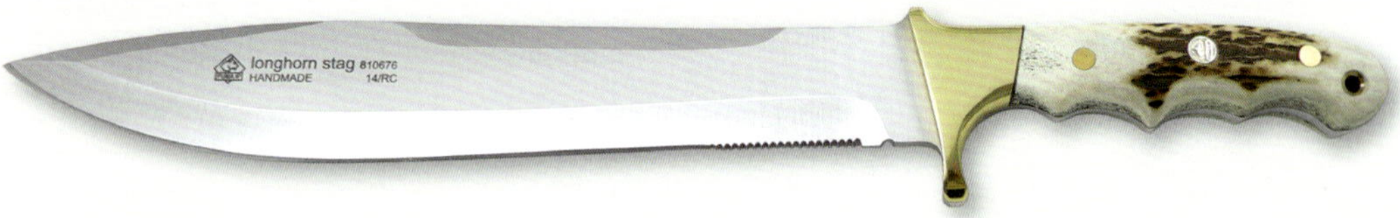

2

1. „Verlängerungsmesser“ von Linder mit 19 cm langer Klinge aus 420er-Stahl und Griffschalen aus Hirschhorn. Nach dem Einklappen ragt die Klinge noch ein Stück aus dem Griffende heraus. Das Parierelement ist beweglich gelagert (Swing-Guard).

2. Das funktionale PUMA IP Longhorn, handgearbeitet in Spanien. Die Flachangelkonstruktion aus einem Stück 440C-Stahl hat eine knapp 25 cm lange Klinge, einen ausgeprägten Fingerschutz, einen Neusilber-Abschlussknauf und Hirschhorn-Griffschalen.

3. Linder Saufänger: Abfangmesser mit doppelseitig geschärfter, 23 cm langer Klinge aus 440A-Stahl. Das Parierelement besteht aus Edelstahl. Auf den durchgehenden Flacherl sind Griffschalen aus Olivenholz genietet.

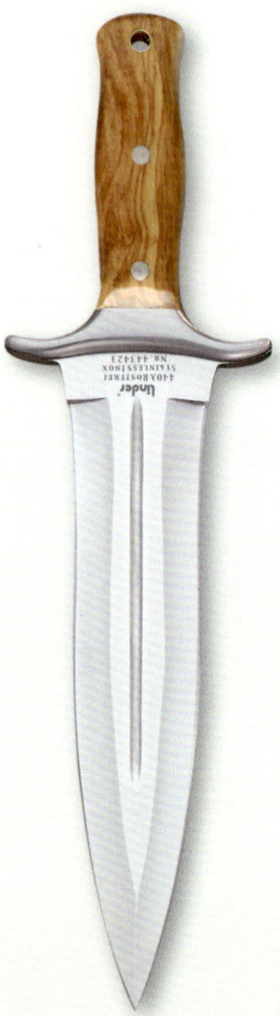

3

BLATTFANG

Muss das Abfangmesser eingesetzt werden, geschieht dies meist über den sogenannten Blattfang: Das Messer wird rasch durch die Rippen und die Lunge zum Herzen des Wildes geführt. Die eindringende Luft lässt die Lunge kollabieren, was zusammen mit dem hohen Blutverlust das Wild in aller Regel sofort verenden lässt.

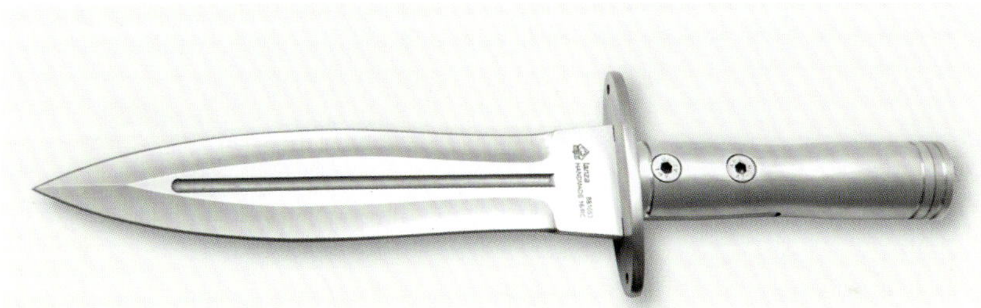

4

das zusammen mit dem ebenfalls von ihm gestalteten Jagdnicker als Waidbesteck mit einer Doppelschneide in Solingen gefertigt wird.
Es besitzt eine vorderlastige, etwa 21 cm lange, kräftige Klinge, deren moderat ausgeführte Spitze mit angeschliffener Phase zum Abfangen, aber auch für leichtere Hiebarbeiten geeignet ist. Ein Parierelement aus Neusilber schützt die Hand vor dem Abrutschen und auf dem durchgehenden Flacherl sind Griffschalen aus Hirschhorn angebracht. Den Griffabschluss bildet ein ausgeprägter Knauf, der das im Gesenk geschmiedete „Frevertsche Waidblatt" handhabungssicher macht.

Moderne Varianten

Da die Gestaltung eines Waidblattes keinen festgelegten Normen unterliegt, sind mittlerweile auch vermehrt moderne Varianten auf dem Markt. Diese unterscheiden sich in der Formgebung und ihrem äußerem Erscheinungsbild teilweise erheblich von den klassischen Modellen. Die Zweckbestimmung als jagdliche Blankwaffe, auch in Kombination mit einem Beimesser, bleibt den neuen Versionen dennoch erhalten.
Viele Jäger und Jägerinnen verzichten allerdings heutzutage ganz darauf, ein Waidblatt mitzuführen, und ziehen – auch aus tierschutzrechtlichen Gründen – den Gebrauch einer Schusswaffe meistens vor.

ABFANGMESSER

Das Abfangen von Wild mit der „kalten Waffe" wird heutzutage in den meisten Fällen auch schon deshalb durch einen Schuss mit dem Gewehr oder Revolver bzw. Pistole ersetzt, da es bei starkem Wild wie einem Rothirsch oder einer wehrhaften Sau durchaus auch Risiken für Jägerin und Jäger birgt.

Sicherheit geht vor!

Es kommt in der Jagdpraxis allerdings immer wieder zu Ausnahmesituationen, in denen sich der Einsatz einer Schusswaffe aus bestimmten Gründen verbietet. Einer der häufigsten ist eine akute Gefahrenlage für Menschen, das Hintergelände oder für das Wild stellende bzw. bindende Jagdhunde oder wenn z. B. in dichter Verhauen ein Schuss nicht zielgenau platziert werden kann. Mitunter wird der Jäger auch unverhofft außerhalb des Reviers zu einem Wildunfall gerufen, um ein verletztes Tier zu erlösen, und kann am Straßenrand und unter Anwesenheit von Schaulustigen keinen Schuss abgeben.
Ein Abfangmesser ist also nach wie vor ein notwendiges Werkzeug des Jägers!

5

4. PUMA IP Lanza: schweres Abfangmesser aus Spanien. Die doppelseitig geschärfte Klinge besteht aus AISI-440C-Stahl. Ihr flacher Erl ist mit einem separaten Aluminiumgriff zweifach verschraubt.

5. Das PUMA IP Lanza kann fest auf einen Eichenholzschaft geschraubt und in dieser Kombination dann auch als Saufeder engesetzt werden.

1. PUMA Rüdemann: von H.-P. Knoop designtes Abfangmesser mit vorn verbreiteter, ca. 17 cm langer Klinge aus 1.4116er-Messerstahl. Der durchgehende Flacherl besitzt bei dieser Ausführung Griffschalen aus Micarta sowie Backen und Knauf aus Neusilber.

2. Hirschfänger von PUMA: stabiler Abfänger nach einem Design von H.-P. Knoop mit einseitig geschärfter, 24 cm langer 1.4116er-Klinge. Der symmetrisch aufgebaute Griff trägt Hirschhornschalen, Knebel und Knauf sind aus Neusilber.

1

2

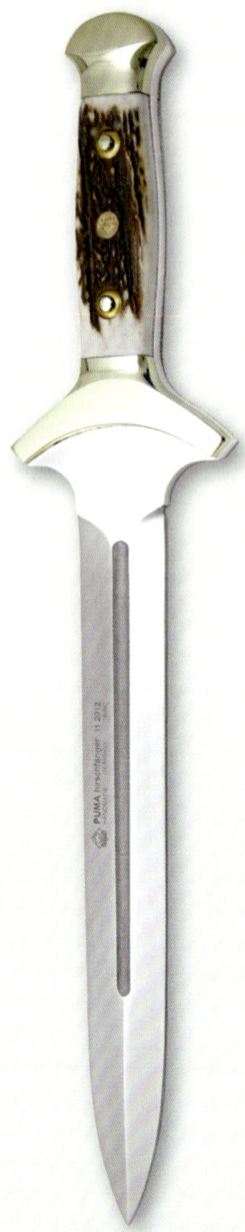

TIPP

Der Hirschfänger spielt, oftmals als „Paradewaffe“, auch bei der Brauchtumspflege eine Rolle und wird zudem gern verdienten Waidmännern und -frauen feierlich als traditionelles Geschenk überreicht.

Hirsch- und Saufänger

Wenngleich auch Nicker und Waidblatt zur Kategorie der Abfangmesser zählen, denkt man aber doch in diesem Zusammenhang zuerst an einen Hirsch- bzw. Saufänger. Diese sind sich sehr ähnlich und werden umgangssprachlich oft mit einem gewöhnlichen langen Messer gleichgesetzt. Das ist allerdings nicht richtig, da das Abfangen waidgerecht erfolgen, d. h. zu einem unverzüglichen Verenden des Wildes führen muss. Aus diesem Grund bedarf es einer besonderen Klingenform, die dies garantiert.

Die meisten der angebotenen Hirsch- und Saufänger besitzen eine symmetrische und deutlich über 20 cm lange Klinge. Je nach Ausführung kann darin auch eine Hohlkehle (Blutrinne) eingeschliffen sein. Während der Hirschfänger oftmals eine schmale und lediglich einseitig geschliffene Klinge aufweist, ist das Blatt des Saufängers etwas breiter gestaltet und in der Regel doppelseitig geschärft. Beiden Abfängern ist gemein, dass ein ausgeprägter Handschutz vorhanden sein muss, um beim Zustechen nicht mit der Hand in die Klinge zu rutschen.

3

4

AUFBRECHMESSER

Nach dem geglückten Schuss erfolgt die „rote Arbeit". Das heißt, das erlegte Wild muss aufgeschnitten und ausgeweidet werden. Dieses Tun nennt der Jäger „Aufbrechen". Anders, als man nun in diesem Zusammenhang denken könnte, kommt jedoch kein grobes Brechwerkzeug zum Einsatz, sondern ein möglichst scharfes Messer.

Aufbrechklingen

Das Öffnen der Bauchdecke muss sehr vorsichtig geschehen, damit die Innereien des Tieres nicht angeschnitten werden und sich die darin befindlichen Flüssigkeiten dann in die Körperhöhle ergießen. Eine solche

3. PUMA Rotwildmesser: in Solingen handgefertigter schwerer Jagd-Allrounder mit 13 cm langer, flach geschliffener Klinge aus DIN 1.4110 und Griffschalen ausSchalen aus Hirschhorn.

4. Nieto Trapper: feststehendes Messer mit durchgehendem Flacherl aus spanischen AN.58er-Stahl (ähnlich 440C) und ca. 11 mm Klingenlänge. Als Griffmaterial kommt gemasertes Veilchenholz zum Einsatz.

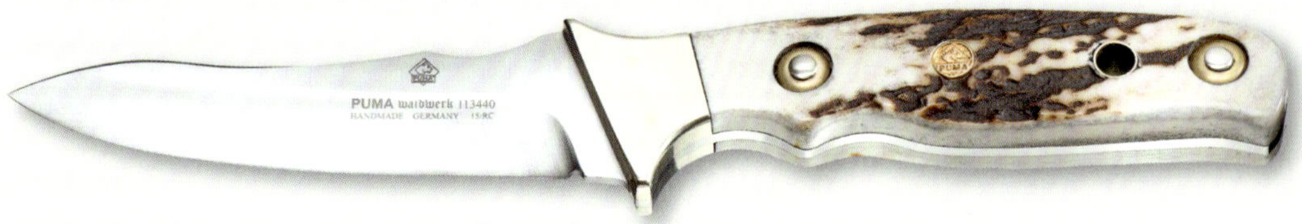

1

2

1. PUMA Waidwerk: Die spezielle Form der 11 cm langen Klinge aus Sandvik-14C28N-Stahl dient dem Aufbrechen und Ringeln. Auf dem Flacherl sitzen Hirschhornschalen und Neusilber-Backen.

2. Marttiini Gut Hook: Die spiegelpolierte, 9 cm lange Drop-Point-Klinge des finnischen Aufbrechmessers ist aus 420er-Stahl und hat einen Aufreißhaken. Auf dem versteckten Erl sitzen ein Kunststoffgriff und ein Knebel.

Verunreinigung würde den einzuhaltenden Standards der Wildbrethygiene widersprechen und ist unbedingt zu vermeiden.
Aus diesem Grund sind spezielle Aufbruchklingen mit verrundetem und verdicktem Ortbereich für diesen ersten Schnitt am besten geeignet.
Um die Schneidleistung zu optimieren, sind solche Klingen in der Regel, ähnlich wie bei einem Rasiermesser, einseitig hohlgeschliffen. Da die Schneide nur sehr wenig Materialstärke besitzt, lässt sie sich überaus gut schärfen.
Aufbrechklingen sind meistens Bestandteil eines Jagdtaschenmessers oder eines mit normaler Klinge versehenen Kombiwerkzeugs. Allerdings gibt es auch separate, mit ergonomischem Griff versehene Ausführungen, die sich sehr gut führen lassen.

„Gut Hook"

Eine andere Variante besitzt einen sogenannten *Gut Hook*, der, ähnlich einem Gurtschneider, als Aufreißhaken dient. Er ist oft oberhalb der Spitze einer gewöhnlichen Jagdmesserklinge eingeschliffen und kann im Idealfall wie ein Reißverschluss gehandhabt werden. In ein zuvor geschnittenes Loch wird der Haken in die Bauchdecke des Wildes eingeführt und dann kräftig in die entsprechende Richtung gezogen. Die Messerschneide bleibt außerhalb des Körpers, sodass keine Gefahr besteht, die Innereien zu verletzen.

3

4

5

6

Klingen mit integriertem Aufreißhaken findet man auch an vielen Jagdtaschenmessern sowie in verschiedenen Ausführungen als eigenständiges Werkzeug.

Ringelmesser

Ein spitzes und scharfes Messer mit schmaler Klinge benötigt der Jäger für das sogenannte Ringeln. Das Ringelmesser dient aber nicht dem Aufschärfen der Bauchdecke, sondern dem Herausschneiden des Weidloches sowie dem Auslösen des Enddarms. Breitere Klingen sind für diese besondere Art des Aufbrechens nicht geeignet. Daher wurden Jagdmesser entwickelt, die eine für diesen Zweck benötigte Klingenform aufweisen, aber auch universell nutzbar sind.

3. EKA-Jagdmesser G3 Swingblade mit doppelseitigem Klingenelement: Mittels Druckknopf im Heft kann zwischen Messer- und Aufbrechklinge gewechselt werden.

4. Die Klinge EKA G3 Swingblade besteht aus schwedischem 12C27er-Stahl, der ergonomisch geformte Griff ist aus synthetischem Kautschuk.

5. Buck 657 PURSUIT: amerikanisches Aufbrechmesser mit durchgehendem Erl und Griffelement aus zwei unterschiedlichen Kunststoffen. Die etwas über 12 cm lange Drop-Point-Klinge mit Aufreißhaken ist aus AISI 420HC („High Carbon"), einer optimierten, kohlenstoffreicheren 420er-Version.

6. Cudeman 137-R Guthook Hunter: kompaktes Jagdmesser mit Aufreißhaken, bauchiger Klinge aus 440er-Stahl und Griffschalen aus Pakkaholz.

Top-Werkzeuge für ein hochwertiges Lebensmittel

Hendrik Hiepass-Aryus, Jäger und Geschäftsführer eines führenden Messerherstellers in Deutschland

Wildbrethygiene auf Maximalniveau

Neben der Jagdbüchse und der passenden Optik ist das Jagdmesser eines der wichtigsten Bestandteile bei der Jagd. Um die Qualität des Fleisches nicht zu mindern, ist eine schnelle Versorgung des Wildes unerlässlich. Soll das erlegte Wild nicht direkt im Revier, sondern an der Jagdhütte oder im Zerwirkraum aufgebrochen werden, muss – vor allem bei wärmeren Temperaturen – dafür gesorgt werden, dass das Stück bis dahin nicht verhitzt. Hier sind bei schweren Stücken z. B. Lüftungsschnitte an den Blättern ratsam. Dies wurde mir schon sehr früh beigebracht und begleitet mich bis heute. Ich stamme aus einer Jägerfamilie und wurde schon im jungen Alter mit auf die Jagd genommen. Ich jage hauptsächlich, weil Wildbret eines der hochwertigsten und nachhaltigsten aller Lebensmittel darstellt.

Scharf und führig

Um erlegtes Wild schnell und hygienisch einwandfrei zu versorgen, benötigte ich natürlich ein scharfes Messer. Mein Favorit und Begleiter ist das PUMA Messer „Saubart". Die Klinge ist aus hochwertigem Sandvik-Stahl gefertigt und führige 100 mm lang. Aufgrund ihrer Härte von 60–62 HRC bleibt sie zudem sehr lange schnitthaltig. Aber nicht nur der Stahl verdient Erwähnung: Wer das Messer einmal in die Hand nimmt, mag es nicht mehr hergeben. Der Griff des „Saubart" mit den ausgeprägten Fingermulden liegt hervorragend in der Hand. Der kräftige und ausgeprägte Knebel aus Neusilber verleiht zusätzliche Sicherheit bei der Arbeit.

Worauf kommt es an?

Ich werde oft gefragt, worauf man beim Kauf eines Jagdmessers zu achten habe: Zuerst einmal sollte man sich selbst folgende Fragen beantworten: Möchte ich ein Allzweck-Messer für unterschiedliche Anwendungsbereiche oder für jeden Bereich ein passendes Messer? Für welchen Anwendungsbereich benötige ich das Messer? Wie viele und welche Wildarten versorge ich? Feststehend oder klappbar? Tradition oder Moderne? Harte oder weichere Klinge? Diese Fragen betrachten nämlich unterschiedliche Messertypen mit verschiedenen Kundenpräferenzen.
Ich bevorzuge ein klassisches Jagdmesser mit einer feststehenden und härteren Klinge von ca. 90 bis 120 mm. Der Vorteil hochwertiger Stähle mit höherem HRC-Wert liegt in deren dauerhafteren Schnitthaltigkeit. Ihr Nachteil: Einmal stumpf geworden, sind sie nur schwer nachzuschärfen. Daher mein Rat: Lasst Euer Messer nie ganz stumpf werden und zieht es bei zwei bis drei Anwendungen (z. B. Aufbrechen) über einen Wetzstahl ab. Als Backup-Messer habe ich immer ein Jagdtaschenmesser in meinem Rucksack.

Die Klingenform des Lieblingsjagdmessers von Hendrik Hiepass-Aryus erlaubt u. a. den Einsatz der kompletten Schnittfläche. Vor Beginn der Serienfertigung wurde es von Jägern in der Praxis ausgiebig getestet.

1

2

3

4

HÄUTEMESSER

„Aus der Decke schlagen“, „Abschwarten“ und „Abbalgen“ sind, je nach Wildart, die jagdlichen Fachbegriffe für die Tätigkeit des Abhäutens. Um fachgerecht und effektiv arbeiten zu können, wird dazu meistens ein speziell gestaltetes Häutemesser, der sogenannte Skinner, benutzt.

Moderne Skinner

Die Spitze der Skinnerklinge liegt grundsätzlich über der Klingenachse, manchmal sogar oberhalb der Klingenrückens. Die Schneide wird dadurch im vorderen Teil sehr bauchig und verlängert sich somit. Dies hat den Vorteil, dass wesentlich längere Schnitte vorgenommen werden können und ein jeweils neues Ansetzen des Messers minimiert wird. Da die Klingenspitze sehr weit oben liegt, wird zudem die Gefahr eines versehentlichen Einstechens in Decke, Schwarte oder Balg deutlich gesenkt. Der Griff bei solchen Ausführungen besteht aus Gründen der Lebensmittelhygiene oftmals aus unempfindlichen Kunststoffen. Nicht selten werden im Fachhandel auch ganze „Zerwirksets“ angeboten, die über den Skinner hinaus noch andere Messer und Zusatzwerkzeuge zum Versorgen des erlegten Wildes beinhalten.

Klassische Skinner

Gleichwohl gibt es heute noch die klassischen Skinner mit Parierelement und Griffschalen aus Hirschhorn oder Holz. Deren ebenfalls hochgezogene Spitze ist allerdings sehr ausgeprägt. Diese alte Form ist weiterhin beliebt, ähnelt jedoch eher einem Bowie-Messer. Eine solche Ausführung ist etwas universeller einsetzbar, verlangt beim Abhäuten aber erhöhte Aufmerksamkeit. Wie alle feststehenden Jagdmesser wird der klassische Skinner in einer Lederscheide am Gürtel getragen.
Obwohl Jagdmesser heutzutage in den meisten Fällen korrosionsbeständig sind, werden auch einige

5

6

Klassiker nach wie vor aus nicht rostfreien Carbonstählen hergestellt. Deren gute Nachschärfbarkeit macht die Arbeit am geschossenen Stück etwas leichter, allerdings ist dafür ein höherer Pflegeaufwand bei der Reinigung der Klinge einzukalkulieren. Das Messer darf nicht in feuchtem Zustand in die Scheide zurückgesteckt werden, da sonst Gefahr von Flecken- und Flugrostbildung an der Klinge droht.

Althergebrachte Modelle

Einfach gehaltene, meist mit Holz beschalte Messer zum Abhäuten der Jagdbeute gehörten schon bei den alten Trappern, Mountainmen sowie den Büffeljägern der nordamerikanischen Prärie zur Ausrüstung. Auch wenn sich die verwendeten Stahlsorten und Griffmaterialien im Detail mittlerweile geändert haben mögen, sind die Skinner noch heute ein praktisches und unverzichtbares Jagdutensil.

1. PUMA Skinmaster: massives Integralmesser, im Gesenk aus einem Stück 1.4116er-Stahl geschmiedet. Die mit dem Flacherl vernieteten Griffschalen bestehen aus Hirschhorn.

2. Linder Rehwappen Skinner: klassisches Häutemesser aus Carbonstahl. Der aufgeschobene Griff aus Pflaumenbaumholz ist mit dem versteckten Erl verschraubt. Parierelement und Knauf bestehen aus Neusilber.

3. Typischer Skinner in klassischer Form, gefertigt in Solingen aus 1.4125er-Stahl. Der durchgehende Flacherl trägt Hirschhornschalen, der Fingerschutz ist ein Knebel aus Neusilber.

4. Das US-amerikanische Modell KALINGA von Buck hat eine etwas über 12 cm lange Klinge aus AISI-420HC-Stahl in klassischer Skinner-Form. Der durchgehende Flacherl trägt einen Fingerschutz aus poliertem Messing sowie Rosenholzschalen.

5. PUMA XP Zerwirkset aus 420er-Stahl: Skinner mit Aufreißhaken, Ausbeinmesser, Nicker, Knochensäge, Rippenspreizer und Keramikmesserschärfer

6. Alle Bestandteile des XP-Zerwirksets können in einem praktische Nylonetui mitgeführt werden. Das Etui gehört zum Lieferumfang.

TIPP

Moderne Häutemesser sind sogar am Ortbereich verrundet. Stechende Arbeiten sind damit vollkommen ausgeschlossen.

Bewährte Helfer für die Jagd

Lisa Schumacher, Hundeführerin und aktive Jägerin aus dem Bergischen Land

Stählerne Feunde

Als Hundeführerin bin ich häufig auf Gesellschaftsjagden unterwegs. Dabei ist es mir wichtig, in jeder Situation nicht nur die richtige Waffe, sondern auch das richtige Messer zur Hand zu haben. Auf Niederwildtreibjagden z. B. nützt mir mein Saufänger eher weniger, mein kleines, handliches Jagdmesser umso mehr. Mit den Jahren haben sich verschiedene Arten von Messern für meine Zwecke und in bestimmten Situationen besonders bewährt. Sie sind mir fast schon „ans Herz gewachsen".

Saufänger für die Hundeführerin

Auf Drückjagden führe ich immer den Saufänger mit. Er ist für Hundeführer unverzichtbar, denn ich bin nun mal oft als Erste an einem angeschweißten und von Hunden gebunden Stück und muss es erlösen. Obwohl ich gut mit meiner Waffe umzugehen weiß, ist es oft nicht möglich, einen sicheren Fangschuss anzutragen, ohne die vierläufigen Jagdhelfer zu gefährden.
Ich brauche also ein zuverlässiges und ausgesprochen scharfes Messer, das auch im dichtesten Gestrüpp gut zu handhaben ist. Macheten sind ebenfalls sehr hilfreich, wenn man sich mal wieder im tiefsten Brombeergestrüpp verfangen hat und auf sich allein gestellt ist.

Wildversorgung – nützlicher Helfer

Auf Niederwildjagden führe ich hingegen ein kurzes Messer, mit welchem ich schnell aufbrechen oder z. B. die Gänsebrust heraustrennen kann. Große Messer sind hier fehl am Platz, denn ich will das gute Wildbret der kleinen Tiere nicht zerschneiden. Beim Aufbrechen von Schalenwild hat sich ein Messer mit integrierter Säge bewährt. Die Beckennähte und Brustbeine alter Hirsche sind eben doch nicht so einfach mit einer normalen Klinge zu öffnen, daher ist die On-Board-Säge sehr praktisch. Für das Zerwirken, also Zerlegen des Tieres, haben sich Häute- sowie Metzgermesser als besonders gut erwiesen. Mit ihren speziellen Formen und verschiedenen Längen lassen sich selbst stärkste Sauen sehr schnell in küchenfertige Stücke zerlegen.

Wie viele Hundemänner und -frauen setzt Lisa Schumacher mehrere Messer ein: den Saufänger zum Abfangen, das Jagdmesser zur Wildversorgung und die Machete zum „Überhaupt-Durchkommen".

„ÜBER DIE KUNST, MIT VÖGELN ZU JAGEN" ...

... hieß, ins Deutsche übersetzt, das bahnbrechende Werk Friedrichs II. Schon der Staufer, unter anderem König von Sizilien, wusste: Ohne Messer geht es auch bei der Beizjagd nicht.

Falknermesser

Sind nicht alle Messer zum Schneiden da? Müssen sie daher nicht alle eine durchgehend scharfe Schneide besitzen? Diese eigentlich logischen Vermutungen treffen nicht auf das Falknermesser, einer besonderen Art des Jagdmessers, zu. Das liegt an dessen besonderem Verwendungszweck.

Beim Falknermesser würde eine scharfe Klinge eher schaden als nützen.

SPEZIELLE JAGD – SPEZIELLE MESSER

Die Falknerei ist eine Jagdform, bei der ein Falke oder ein Greifvogel als „fliegender Jäger" dient. Dessen Aufgabe ist es, die Beute aus der Luft auszumachen, anschließend zu ergreifen und zur Erde zu bringen.

Für minimale Verletzungsgefahr

Ist die Jagd geglückt und sind Falke oder Greifvogel mit dem Beutestück gelandet, muss der Falkner das gefangene Tier umgehend waidgerecht erlösen. Dies geschieht idealerweise mit dem Falknermesser. Da sich das Wild oftmals noch in den Fängen des Falken befindet und unter Umständen wehrhaft ist, bedeutet das ein hohes Gefahrenpotenzial für den Greifvogel: Er könnte sich bei der Verwendung eines gewöhnlichen Messers an dessen Schneide verletzen. Aus diesem Grund ist lediglich der vordere Teil der Klinge auf wenige Zentimeter geschärft und der weitere, nach hinten verlaufende Schneidenbereich stumpf belassen.

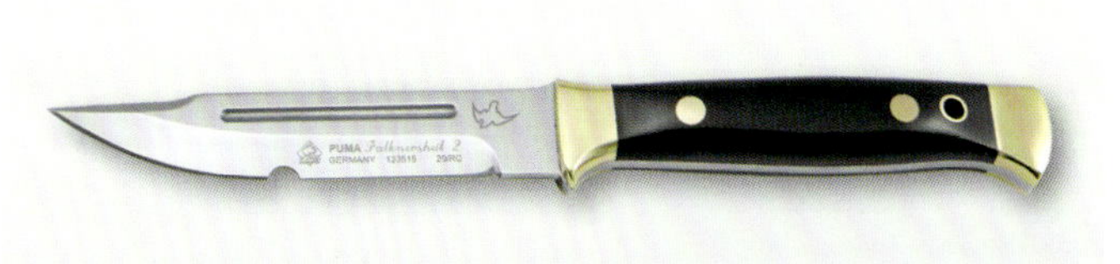

1

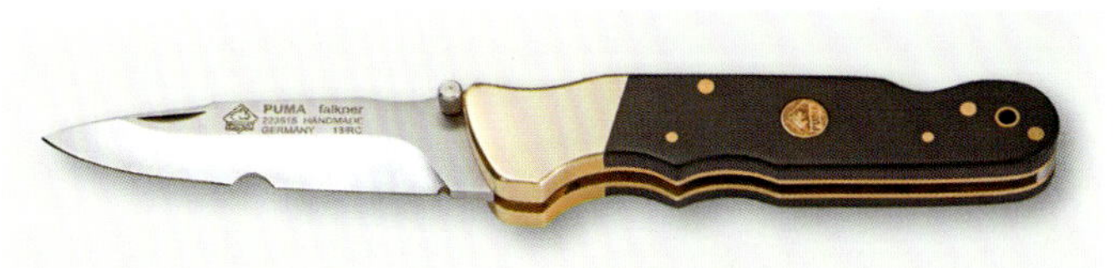

2

Besondere Merkmale

Der Übergang zwischen der scharfen und stumpfen Schneide wird optisch mit einer eingeschliffenen Kerbe gekennzeichnet. Die Klinge verfügt zudem über eine ausgeprägte Spitze, die zum Erlösen des weidwunden Beutetieres dient. Da auch etwas größere Tiere, wie z. B. Kaninchen, mit Greifvögeln bejagt werden, besitzt ein Falknermesser in der Regel einen entsprechenden Handschutz, damit ein Abrutschen der Hand in die Klinge vermieden werden kann.
Aufgrund seiner besonderen Beschaffenheit gehört das Falknermesser zu den Spezialwerkzeugen und findet seine Anwendung ausschließlich bei der Beizjagd.

1. PUMA Falknersheil II: führiges Flacherlmesser aus 1.4125er-Stahl. Die feststehende Klinge mit ausgeprägter Spitze ist nur im vorderen Bereich geschärft. Die vernieteten Griffschalen sind aus Micarta, Vorder- und Abschlussbacken aus Messing.

2. PUMA Falkner: klappbares Einhand-Modell mit Backlock-Verriegelung der 7-cm-Klinge aus 1.4116er-Stahl (Design von H.-P. Knoop). Der ergonomisch geformte Griff besitzt Messingbacken und Grenadill-Holzschalen.

Messer für die Beizjagd

Sandra Jung, Falknerin und Leiterin einer Greifvogelstation

Beizjagd – jahrtausendealtes Kulturerbe

Die Beizjagd ist die Jagd mit dem abgerichteten Falken oder Greifvogel auf wild lebende Tiere. In Deutschland werden unter anderem Habichte zur Jagd auf Kaninchen oder Wanderfalken auf Gänse eingesetzt. Aber auch in vielen anderen Ländern der Erde wird diese uralte Jagdmethode noch heute ausgeübt. Die Beizjagd ist eine über 3000 Jahre alte Tradition und wurde 2016 sogar offiziell von der UNESCO zum „Immateriellen Kulturerbe der Menschheit" erklärt. Damit wurde die Ursprünglichkeit und in ihren Grundzügen unveränderte Tradition der Beizjagd, die zu den Zeiten Kaiser Friedrichs II. ihre Blüte hatte, vollumfänglich anerkannt.

Unverzichtbar – das Falknermesser

Aktive Falknerinnen und Falkner können auf passendes Werkzeug nicht verzichten. Dazu gehört neben Handschuh, Tasche und Haube für den Vogel vor allem – ganz wichtig – unser Falknermesser. Wir stellen ganz spezielle Anforderungen daran. Ein klassisches Jagdmesser passt da nicht, könnte sogar gefährlich für den Beizvogel werden. Mit dem Falknermesser wird nämlich die vom Beizvogel gebundene, also gefangene Beute fach- und tierschutzgerecht abgefangen. Das heißt getötet, sofern der Vogel sie noch nicht getötet hat, was nicht zwingend der Fall ist. Die Beizjagd wird eben gerade deshalb so geschätzt, weil sie den Menschen an einem absolut natürlichen und urtümlichen Naturschauspiel teilnehmen lässt: der Räuber-Beute-Beziehung. Sobald der Greifvogel von der Faust gestartet ist, unterscheidet sich das anschließende, faszinierende Geschehen in keiner Weise von der Jagd eines Greifvogel in freier Wildbahn. Der Mensch ist zum Zuschauen „verdammt", sein Vogel folgt nun seinem Instinkt, wie es ihn die Natur gelehrt hat.

Töten tierschutzgerecht

Nach dem erfolgreichen Greifen der Beute fehlt dem Beizvogel mitunter die Kraft, die Beute sofort zu töten: Nach dem auszehrenden Jagdflug muss der Vogel vor allem erst einmal zu Atem kommen. Dies ist der Moment, in dem Falknerin und Falkner wieder in das Geschehen eingreifen dürfen und müssen: Wir helfen unserem gefiederten Partner, indem wir noch lebende Beute unverzüglich abfangen und ihr somit unnötiges Leid ersparen, aber zugleich auch Kampfverletzungen unseres Vogels vermeiden – in der Natur kann das Töten der Beute durch den Falken oder Greifvogel durchaus eine Zeit lang dauern. Eine über die volle Länge des Messers geschärfte Klinge könnte dem Beiz-

vogel bei diesem Abfangen schwere Schnittverletzungen zufügen, im schlimmsten Fall z. B. sogar eine Zehe abtrennen. Wenn überhaupt, ist ein Falknermesser deswegen nur im Bereich der Spitze geschärft. Nur dieser geschärfte Teil der Klinge dringt in den Wildkörper ein – unerreichbar für die Fänge des Beizvogels. Der vordere geschärfte Bereich der Klinge umfasst etwa ein Drittel ihrer Gesamtlänge und ist im Interesse optimaler Sicherheit gut sichtbar durch eine Kerbe abgegrenzt.
Ein sogenanntes Falkner-Stilett hat sogar überhaupt keine scharfen Klingenbereiche mehr, sondern lediglich eine sehr ausgeprägte Spitze. Das schließt eine Verletzung des Beizvogels gänzlich aus. Spezielle Falknermesser kann man kaufen oder sich auch recht einfach selbst aus einem gewöhnlichen Jagdmesser herstellen: Dessen Klingenschneide wird entsprechend abstumpft.

Sandra Jungs Jagdmesser ist nur von der Spitze bis zur Kerbe geschärft. Die Falknerin darf ihren Beizvogel beim Abfangen der Beute nicht verletzen.

Urtümlich und traditionell – Sandras Falknerstilett besitzt keine scharfe Schneide, aber eine ausgeprägte Spitze. Diese „kalte Waffe" ist ein Spezialwerkzeug für die Beizjagd.

VOM DRILL BIS IN DIE PFANNE

Zwischen beiden Fotos gibt es manches zu tun. Auch die unzähligen Fans des Angelsports kommen nicht ohne zweckgemäße Schneidwerkzeuge, also Messer, aus.

Anglermesser

Geduld ist die Tugend des Anglers. Wie der Jäger muss er warten können, um zum Erfolg zu kommen. Zappelt der Fisch am Haken oder im Netz, muss auch er sofort und schmerzlos getötet werden. Danach folgen Abschuppen, Ausnehmen und Filetieren.

MESSER FÜR GESCHUPPTE BEUTE

Töten und Weiterverarbeitung des Fisches geschehen am besten mit ganz speziellen Messern. Manche davon sind für lediglich eine Verrichtung konstruiert, andere dagegen verfügen über eine praktische Mehrzweckklinge mit der auch unterschiedliche Aufgaben bewältigt werden können. Letzteres gilt besonders für Anglerklappmesser, die oft mit mehreren Werkzeugen bestückt sind und dadurch weitere nützliche Eigenschaften besitzen.

FILETIERMESSER

Zur Anglerausrüstung gehört auf alle Fälle ein Filetiermesser mit langer, flexibler Klinge, die über eine feine Spitze verfügt. Da der Einsatz immer mit Feuchtigkeit einhergeht, sollte die verwendete Stahlsorte rostfrei sein

Linder Fischmesser: schwimmfähiges Anglermesser mit Kunststoffgriff und roter Leuchtkappe. Die gut 11 cm lange Klinge aus rostfreiem DIN 1.4116 hat auf dem Rücken eine Riffelung zum Abschuppen.

und der Griff sowie die Messerscheide aus Kunststoff bestehen. Die Messerscheide weist bei den meisten Modellen Belüftungsschlitze oder zumindest eine Zusatzöffnung im Ortbereich auf, aus der eingetretenes Wasser ablaufen kann.
Auch die Konstruktion von Filetiermessern sollte eine gewisse Stabilität besitzen. Leider gibt es viele Billigmodelle, deren Klinge keinen Erl besitzt und lediglich einige Millimeter in den Griff ragt. Eine solche Klebeverbindung hält auf Dauer nicht. Ein durchgehender Erl ist auch bei feststehenden Sportfischermessern aller Art ein wichtiges Qualitätsmerkmal.

ENTSCHUPPEN

Wer den Fisch vor Ort von seinen Schuppen befreien möchte, kann dies mit einer Spezialklinge, die sich oft an mehrteiligen Anglerklappmessern befindet, erledigen. Eine solche Entschupperklinge besitzt keine Schneide und in der Regel statt einer Spitze eine v-förmige Einkerbung, die als Hakenlöser dient. Zusätzlich befindet sich an der Klingenseite eine Skala, mit deren Hilfe die Länge des gefangenen Fisches ermittelt werden kann.

VARIANTENVIELFALT

Die Variantenvielfalt der Anglerklappmesser ist sehr umfangreich. So gibt es Modelle mit integrierter Stahlkugel, die zum Betäuben des Fanges benutzt werden kann, oder mit einem in den Griff eingelegten Schleifstein, der dem Schärfen der Angelhaken dient. Der Fantasie sind hier keine Grenzen gesetzt. Bei der Auswahl sollte allerdings immer die tatsächliche Gebrauchstüchtigkeit des

1. Gerber CONTROLLER FILLET: Filetiermesser mit flexibler Klinge aus 9Cr18MoV-Stahl (ähnlich 440C) und Griff aus Elastomer-Kunststoff

2. Die Messerscheide des CONTROLLER FILLET besitzt Wasserabfließlöcher und einen integrierten Diamant-Klingenschärfer.

1

2

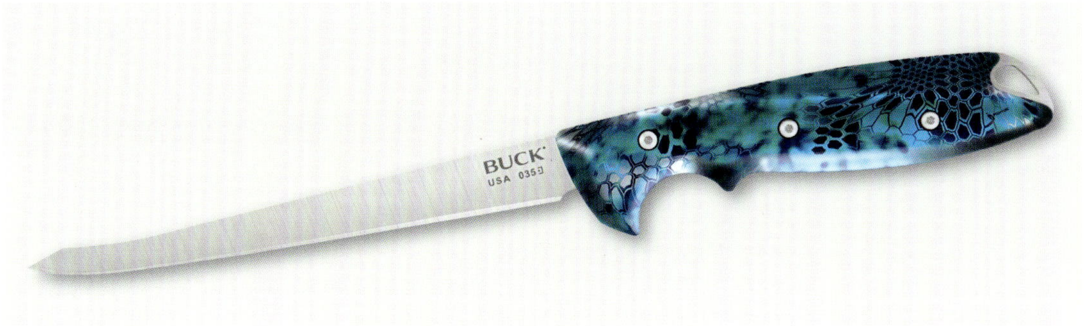

3

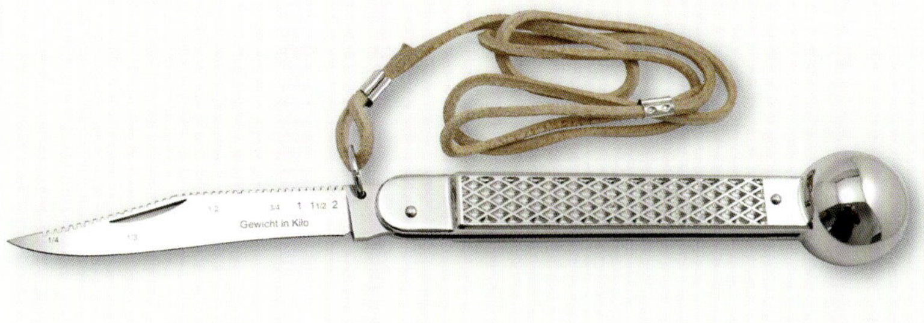

4

3. Buck Abyss: Die Spitze der flexiblen Klinge aus 420HC Stahl ist auf dem ersten Zentimeter des Rückens scharf geschliffen, der ergonomische Griff aus glasfaserverstärktem Nylon mit dem durchgehenden Erl verschraubt.

4. Das PUMA Waagemesser besteht ganz aus rostfreiem 1.4034er-Stahl und braucht keinen Verriegelungsmechanismus. Der schwere Kugelgriff dient der Betäubung des Fisches und als Gegengewicht beim Wiegen.

angebotenen Produktes im Vordergrund stehen, damit es in der Praxis keine bösen Überraschungen gibt.

Schneiden, entschuppen, wiegen

Ein Beispiel für Multifunktionalität ist das Messer in Foto Nr. 4. Der am Ricasso angebrachte Lederriemen bringt das Messer beim Wiegen in die Waagerechte, das Gewicht des eingehängten Fisches ist dann auf der Skala der Klinge ablesbar.

Feststehende Anglermesser

Auf dem Markt befinden sich auch einfach gehaltene, feststehende Anglermesser, die eine universelle Klingenform aufweisen und zudem sehr schnitthaltig sind. Wer sich nicht festlegen möchte, wird sicherlich verschiedene Messertypen zum Angelteich mitnehmen und damit stets gut gerüstet sein.

ROST VORBEUGEN!

Bei Schneidwerkzeugen, die ständig Feuchtigkeit oder gar Meerwasser ausgesetzt sind, darf die Pflege nicht zu kurz kommen, selbst wenn die Klingen aus chromlegiertem Stahl bestehen. So manches gute Stück rostet aber ungeschützt im Angelkasten des Petri-Jüngers vor sich. Dabei müssen gerade Fisch- und Anglermesser, mit denen ja Nahrungsmittel verarbeitet werden, stets sauber und korrosionsfrei sein: Klingen und Griffelemente sind nach jedem Einsatz mit Süßwasser gründlich zu spülen, abzutrocknen idealerweise separat an einem trockenen Ort aufzubewahren.

Zwei Leidenschaften – Fischen und Messer

Harald Lauer, Angler, Sportfischer und ehemaliger Geschäftsführer eines renommierten deutschen Messerherstellers

Ein Leben für die Fischerei

Ich kam bereits durch meinen Großvater im zarten Alter von sechs Jahren zur Fischerei und fing damals ausgerechnet am Gründonnerstag meinen ersten Karpfen. Er war viel zu klein, musste aber leider mit, und Oma haute ihn dann für mich am Karfreitag in die Pfanne.
Als ich 1977 bei PUMA begann, wurde mir sofort deutlich gemacht, dass alle Angestellten einen Jagdschein haben müssten. Nun, das gestaltete sich schwierig. Erstens konnte ich nicht so einfach auf Tiere schießen und zweitens hatte ich ein Zeitproblem. Ich pendelte damals vier Jahre lang täglich zwischen meinem Wohnort Moers und meiner Arbeitsstätte Solingen. Mit dem damaligen PUMA-Chef kam ich dann überein, statt des Jägers den Angler und Sportfischer bei PUMA „zu geben", denn diesen Bereich deckte noch niemanden in der Firma ab.

Anglermesser der ersten Stunde

PUMA hatte damals ein kleines Programm für Angler und Sportfischer. Absoluter Star war das Kugelmesser 501, heute noch im Programm, mit schöner schlanker Klinge und Gegengewicht zum Wiegen bis zu 2,5 kg schwerer Fische. Das Gewicht am Messer diente auch dem raschen Töten des Fisches. Dann gab es das legendäre Modell 863, für mich eines der schönsten und funktionellsten Taschenmesser für Angler, mit schlanker Klinge sowie Schupper/Hakenlöser, dazu Wetzstein und Ködernadel im Griff. Aber auch das Modell 868 im klappbaren Bereich mit hohlgeschliffener Klinge und Schupper oder die schon damals beliebten feststehenden Modelle Mariner und Seahunter, die es auch noch gemeinsam als Big-Game-Fisher-Set im Lederetui mit Wetzstahl gab. Heinz-Peter Knoop, der schon einige Jahre vor mir als Designer für PUMA tätig war, gestaltete später ebenfalls Sportfischermesser. So entwickelten wir gemeinsam das Modell 865 und auch das Modell 870 mit dem berühmten Kloakenskalpell – Messer, die hinsichtlich ihrer Größe für unsere heimischen Fische völlig ausreichten.

Reisen – Angeln – Messer

Auf unseren vielen gemeinsamen, geschäftlichen oder privaten Reisen testeten wir oft Messer und entwickelten sie weiter. Unvergesslich bleibt mir eine Reise nach Portland/Oregon zu unserer damaligen Vertretung Coast Cutlery. Hier lud man uns für einen Tag zum Störe-Fischen auf dem Columbia River ein. Eins ist gewiss: Einen Stör von über 100 kg an der Angel zu haben, ist ein Erlebnis, das man nie vergessen wird. Ich hatte das Vergnügen, so einen Burschen zu fangen. Er verlangte mir alles ab und forderte fast 60 Minuten harten Drill. Nach

der Landung wurde dieser ca. 80 bis 100 Jahre alte Fisch wieder freigelassen. Wir fingen an diesem Tag drei große Fische, H.-P. Knoop einen sogenannten Keeper (Störe zwischen 80 und 120 cm, sie dürfen entnommen werden).
Heinz-Peters Stör wurde geräuchert und schmeckte köstlich. Ausgenommen und filetiert wurde er seinerzeit mit dem PUMA Mariner.
Sobald die Zeit einmal reichte, dem Fischen nachzugehen, nutzte ich die Gelegenheit. Immer dabei waren einige Messer dabei – zum Testen, zum Verschenken oder um die Werbetrommel für sie rühren. So z. B. an der Pazifikküste vor Fuerteventura, wo ich meinen ersten Wahoo, dazu Barrakudas und Bonitos fing, oder beim Barsch-Angeln auf Ibiza, aber auch, wenn es in Österreich auf Forellen oder in Deutschland auf Hecht und Karpfen ging. Es hat immer Spaß gemacht und ich könnte noch Stunden erzählen.

Harald Lauers Modell „Custom" nach Messermacher Richard Hehn hat Micarta-Griffschalen mit eingelegtem, nach dem Schutzpatron der Jagd benanntem Hubertushirsch aus Silber.

OUTDOOR- UND FREIZEITMESSER

RAUS IN DIE NATUR

Viele Menschen folgen diesem Ruf auch heute noch, verbringen ihre Freizeit am liebsten unter freiem Himmel. Passende Messer gehören ebenso dazu wir die richtige Kleidung!

Messer sind das A und O

Auch im Computerzeitalter gibt es sie noch: Menschen, die ihre Freizeit gern draußen verbringen, z. B. mit Familie und Freunden im Wald unterwegs sind, mit den Kindern schnitzen, picknicken. Oder auch passionierte Outdoor-Enthusiasten, die es in ihrer Freizeit regelmäßig nach draußen zieht.

Für echte Outdoor-Fans ist ein ursprünglicher Umgang mit der Natur mehr als nur ein Hobby, und sie teilen ihre Erfahrungen gern mit anderen Interessierten. Verlässliche, praxisorientierte Schneidwerkzeuge sind für diese Menschen wichtige Utensilien, die genauso zur Ausstattung gehören wie Rucksack, passende Kleidung und gutes Schuhwerk.

TREUE UND NÜTZLICHE BEGLEITER

„Das ist doch kein Messer – DAS ist ein Messer!“ Der Spruch von Schauspieler Paul Hogan in dem Film „Crocodile Dundee“ ist legendär. Wer sich allein im australischen Hinterland herumtreibt und nicht nur mit gefährlichen Krokodilen, sondern auch gegen Buschräuber kämpfen muss, braucht ein scharfes Messer ... und sei es nur zur Abschreckung, zum Rasieren oder Dosen-Öffnen. Ähnliches kennt man auch aus den Rambo-Filmen. Nicht der Protagonist, sondern sein Messer spielt die eigentliche Hauptrolle und lässt den geneigten Zuschauer zum Fan werden. Alles nur Fiktion? Vielleicht ... auf jeden Fall ist ein Messer in der Natur ein treuer Begleiter und ein überaus hilfreiches Schneidwerkzeug zugleich.

Nicht jedes Messer kann alles

Egal ob beim Wandern, Campen, Picknicken oder mehrtägigem Aufenthalt unter freiem Himmel – ohne ein zweckmäßiges Messer geht nichts! Allerdings sollte das auch zu dem Vorhaben passen. Ein Taschenmesser dabei zu haben, kann nicht schaden. Geht es aber darum, Feuerholz zu spalten, muss eine stabile Klinge her. Eigens hierfür wurden „Campknives“ entwickelt, die auf dem Klingenrücken zusätzlich eine Beilschneide besitzen. Auch Bushcraft-Messer, mit denen man sehr gut Holzspäne aus einem Zweig herausschnitzen kann, gehören zu den Spezialisten.

In der Wildnis ist eine Machete zum Freischlagen von zugewachsenen Wegen hilfreicher als ein Messer mit kurzer Klinge, das wiederum bei der Zubereitung von Nahrung nützlicher ist. Setzt man diesen Gedankengang konsequent fort, wird man feststellen, dass bei allen Aktivitäten in der Natur mehrere Messer mit unterschiedlichen Eigenschaften notwendig sind.

Sein Messer stahl Paul Hogan in „Crocodile Dundee" fast schon die Show.

Zum Leben und Überleben in der Natur gehört auch das Feuermachen. Mit Messerklinge, Feuerstahl und etwas brennbarem Material geht das auch ohne Streichhölzer.

TIPP

Wer sich tatsächlich auf sein Messer verlassen muss, sollte auf billige Multifunktionalität verzichten und stattdessen ein qualitativ hochwertiges Messer mit feststehender Klinge wählen, das zweckdienlich ist und ggf. zusätzlich ein gutes Taschenmesser mit sich führen.

„Überlebensmesser"

Da stellt sich natürlich unweigerlich die Frage: Was ist denn mit den sogenannten Überlebensmessern? Die müssten doch alle gestellten Aufgaben mühelos bewältigen! Eine lange und spitze Klinge mit einer scharfen Schneide und Sägeschliff auf dem Rücken, dazu ein ausgeprägtes Parierelement und tolles Zubehör im hohlen Griff: Streichhölzer, Angelhaken, eine Schnur, ein Pflaster, ein kleines Skalpell und ein Kompass machen die Ausrüstung doch augenscheinlich perfekt. Und in der am Oberschenkel festgeschnallten Lederscheide sieht das ganze Teil auch noch schick aus und schreit geradezu nach Abenteuern.

Was im Film hervorragend klappt und das Leben in jeder noch so brenzligen Situation rettet, kann in der Wirklichkeit jedoch zum kläglichen Scheitern führen. Die gebotene Qualität der gängigen, meist günstigen „Überlebensmesser" lässt in der Regel zu wünschen übrig, das enthaltene Equipment funktioniert nicht und die ganze Konstruktion ist instabil.

EIN WERKZEUGKASTEN FÜR DIE HOSENTASCHE

Solide verarbeitete Taschenmesser sind kleine Multifunktionswunder.
Schneiden, Schrauben, Sägen, Feilen, Flaschen entkorken – das und mehr funktioniert mit ihnen.

Taschenmesser

Taschenmesser sind kompakt, in der Hosen- oder Jackentasche bequem mitzuführen und schnell bei der Hand, wenn es einmal etwas zu schneiden gibt. Verfügen sie außerdem über unterschiedliche Klingenwerkzeuge, wie das viele tun, haben sie einen wirklich hohen Gebrauchsnutzen.

KLEINE ALLESKÖNNER

Multifunktionale Taschenmesser ersetzen nicht selten einen ganzen Werkzeugkasten und beinhalten neben Schraubendreher, Dosenöffner, Säge, Feile sowie Korkenzieher auch Schere, Zange, Lupe und weitere praktische Dinge des täglichen Lebens. Neben den klassischen „Foldern" für den alltäglichen Gebrauch sind zudem Varianten für spezielle Berufsgruppen und Freizeitaktivisten erhältlich.

Ein besonderes Unterscheidungsmerkmal von Taschenmessern ist der verbaute Schließmechanismus. Am einfachsten konstruiert sind die Modelle ohne jegliche Klingenverriegelung, sogenannte Slipjoints. Die meisten Klappmesser sind jedoch mit einer Verschlussmechanik („Lock") versehen, um ein versehentliches Einklappen der Klinge zu verhindern. Der Ideenreichtum der Designer und Hersteller ist so umfangreich, dass die verbauten Verriegelungen sehr unterschiedlich ausfallen. Am geläufigsten ist nach wie vor die altbewährte Rückenfederverriegelung („Backlock"), bei der das hintere Teil der Feder mit dem Daumen heruntergedrückt werden muss, um die Klinge freizugeben und danach einklappen zu können. In den letzten Jahrzehnten sind die Platinenverriegelung („Linerlock") und die Rahmenverriegelung („Framelock") sehr gebräuchlich geworden. Bei ihnen klemmt sich das als Feder dienende Element hinter die Klingenwurzel und hält die ausgeklappte Klinge so in Position. Wie zuverlässig eine solche Verriegelung letztlich funktioniert, wird durch die bei ihrer Herstellung aufgewandte Sorgfalt bestimmt.

1. Schweizer Multifunktionstaschenmesser SWIZA D03 mit Walnussholz-Griffschalen. Die auf 57 HRC Damaststahl gehärtete 440er-Edelstahl-Hauptklinge arretiert und dearretiert durch Druck auf das Schweizer Kreuz.

2. Rückseite des SWIZA D03: Zur Ausstattung gehören Stech-/Bohrahle, Flaschen- und Dosenöffner (jeweils mit Schraubendreherspitze), Korkenzieher sowie Pinzette.

1

2

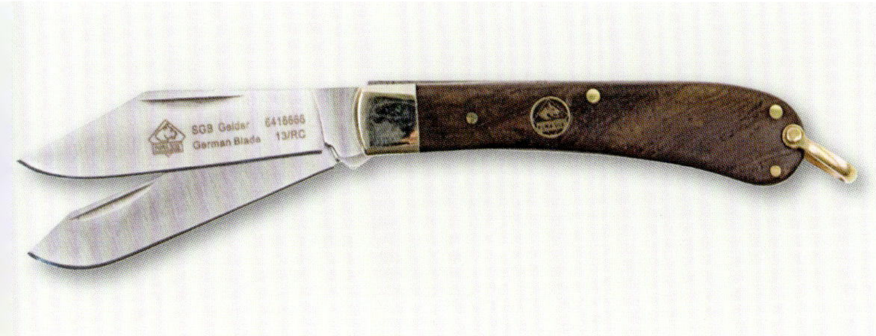

3

4

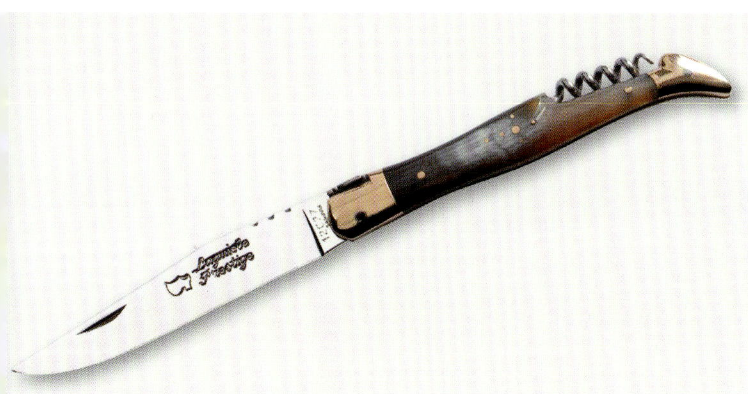

5

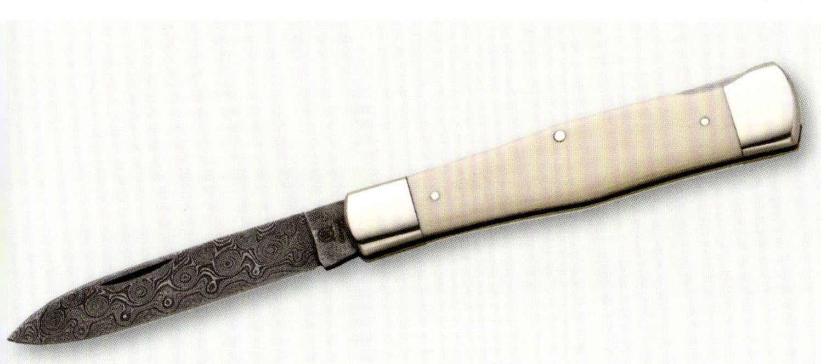

6

3. Das PUMA SGB Gelder, ein traditionelles Arbeitsmesser mit zwei unterschiedlichen, nicht arretierbaren Klingen aus DIN 1.4116. Auf dem Griffkörper aus Messingplatinen sind Schalen aus Jacaranda-Holz und Messingbacken angebracht.

4. Gerber Wingtip: kompaktes Taschenmesser ohne Klingenverriegelung. Die polierte Drop-Point-Klinge besteht aus rostfreiem 7CR17MoV-Stahl, die Griffschalen sind aus gefärbtem Aluminium.

5. Au Sabot Laguiole, ein typisches Klappmesser aus Frankreich. Die nicht verriegelbare Klinge aus Sandvik-12C27-Stahl wird von einer Rückenfeder mit Zierschliff in Position gehalten („Slipjoint"). Der Büffelhornschalen-Griff mit Messingbacken hat einen integrierten Korkenzieher.

6. Hartkopf-Taschenmesser: der Griff des Solinger Klappmessers besteht aus Messingplatinen, die mit polierten Neusilberbacken und Elfenbein-Griffschalen versehen sind. Eine Rückenfederverriegelung arretiert die Klinge aus traditionell hergestelltem, nicht rostfreiem 300-Lagen-Damaststahl.

1. PUMA 4-Star mini: kleines und doch stabiles Klappmesser mit über 5 cm langer, per Backlock feststellbarer 1.4110er-Klinge, Backen aus Neusilber und Griffschalen aus deutschem Pflaumenholz

2. Buck Taschenmesser Alumni: amerikanisches Backlock-Taschenmesser mit knapp 5 cm langer Klinge aus 420HC-Stahl und grau anodisierten Griffschalen aus Aluminium

3. Fontenille Pataud Laguiol: französisches Taschenmesser mit Klinge aus rostfreiem, pulvermetallurgischem Rosendamast. Polierte Edelstahlbeschläge fassen die Schalen aus Eisenholz ein. Die geöffnete Klinge wird von einer Rückenfeder (mit Zierschliff) in Position gehalten.

1

2

3

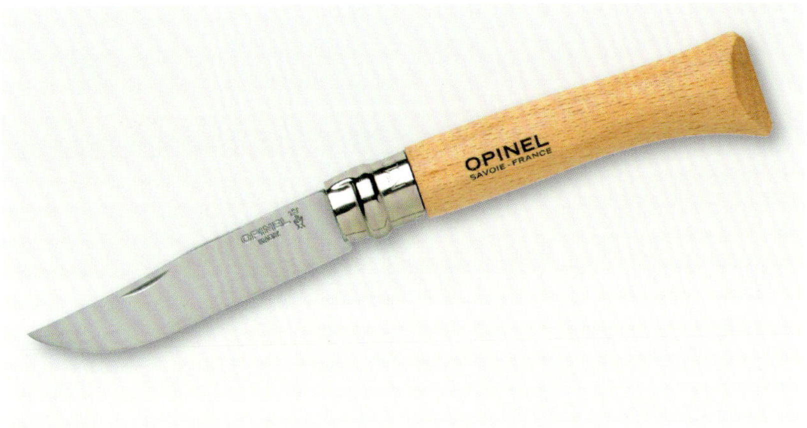

4

5

4. Einfaches französisches Opinel-Taschenklappmesser mit Klinge aus rostfreiem Schwedenstahl. Der aus einem Stück gefertigte Buchenholzgriff ist lackiert. Zum Feststellen der Klinge wird der Sicherungsring („Virobloc") gedreht.

5. Das PUMA SGB Mach1 mit Flipperfunktion zum einhändigen Öffnen. Das von Bob Carpenter entworfene Liner-Lock-Messer hat eine 1.4116er-Klinge, die über ein Keramikkugellager läuft, und auf einem Edelstahlrahmen sitzende Kohlefaserschalen.

Sehr einfach gehalten und trotzdem überaus zuverlässig funktioniert der aus Frankreich stammende „Virobloc". Hier blockiert eine geschlitzte Metallmanschette am Griff die Klinge im ein- sowie ausgeklappten Zustand und gibt sie erst durch Drehung frei.
Aber nicht nur die Verschlüsse sind unterschiedlich, sondern auch die jeweils nach Modelltyp vorgegebenen Öffnungsmöglichkeiten. Bei den zweihändig zu öffnenden Klappmessern dient dazu in der Regel eine eingeschliffene Klingenkerbe oder auch „Nagelhau".
Sogenannte Einhandmesser dagegen besitzen entweder einen „Pin" an der Klinge, an dem sie der Daumen der messerführenden Hand öffnen kann, oder einen Überstand an der Klingenwurzel, der als „Flipper" dient und mithilfe dessen die Klinge auf Druck des Zeigefinger mit Schwung aus dem Griff befördert wird.
Wie ein Taschenmesser zu öffnen oder zu schließen ist und welche Mechanik hierzu verbaut wurde, gibt keine Auskunft über die verwendete Sorgfalt bei der Herstellung des jeweiligen Stückes sowie die Güte des Materials. Die Preisklassen sind überaus variabel und der Käufer sollte sich vor der Anschaffung über seine Ansprüche an sein künftiges Taschenmesser Gedanken machen.
Das gilt auch für die Trageweise des Messers. Es kann in der Hosentasche oder, falls ein Clip vorhanden ist, an deren Saum getragen werden.
Bei schwereren oder mehrklingigen Modellen empfiehlt sich eher eine Koppeltasche, die am Gürtel befestigt wird und das gute Stück sicher vor Verlust schützt.

RAUS IN DIE NATUR

Viele Menschen folgen diesem Ruf auch heute noch, verbringen ihre Freizeit am liebsten unter freiem Himmel. Passende Messer gehören ebenso dazu wie die richtige Kleidung!

Messer für Draußen

Gingen Heranwachsende früher auf „große Fahrt“, trugen sie ein der Jugend vorbehaltenes „Fahrtenmesser“ mit feststehender Klinge in einer Leder- oder Metallscheide am Gürtel. Dessen ungeachtet, werden alle so getragene Messer mit feststehender Klinge im internationalen Sprachgebrauch „Sheathknives“ genannt.

FAHRTENMESSER

Fahrtenmesser trugen zumindest organisierte Jugendgruppen, wie die Pfadfinder und ähnliche Organisationen, die nach dem Ersten Weltkrieg entstanden und Ausflüge sowie Wanderungen für die Jugend veranstalteten. Mit diesen Messern wurden nicht nur Mahlzeiten zubereitet, sondern auch alle notwendigen Arbeiten im Zeltlager verrichtet. Hierzu gehörte das Zuspitzen von Ästen, Feuerholz-Machen, das Anfertigen von Hilfsmitteln und weitere Arbeiten, die das Leben im Freien erforderte. Aber auch im Familienverbund war es durchaus üblich, dass zumindest der männliche Nachwuchs ein eigenes Messer besaß, um bei einem Aufenthalt in der Natur damit nach Herzenslust schnitzen oder ein Stück Wurst abschneiden zu können. Noch heute wird sich so mancher Ruheständler sicher mit Freude an sein

Das Solinger Linder Säbels ist ein Fahrtenmesser mit geschmiedeter Carbonstahl-Klinge, Griff aus Lederscheiben und Messing-Parierelement. Der Aluminiumknauf ist mit dem versteckten Erl verschraubt.

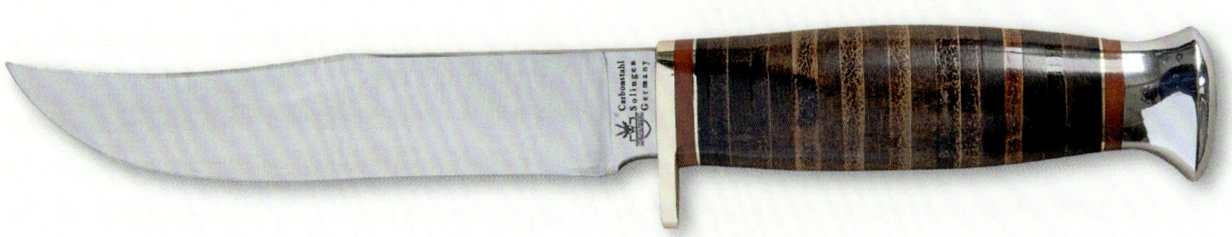

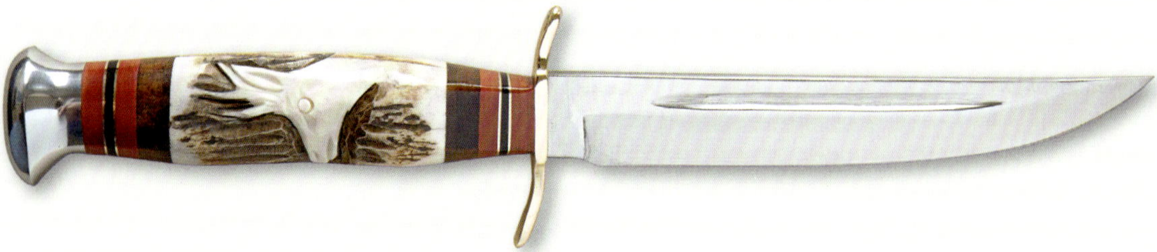

1

2

1. Linder Traveller: Auch dieses klassische Solinger Fahrtenmesser aus 420er-Stahl besitzt einen Messing-Knebel und einen verschraubten Aluminiumknauf. Auf dem versteckten Erl sitzt eine Hirschhorn-Griffrolle.

2. Linder Schwedenmesser: Die 12 cm lange „Schwedenklinge" des Solinger Messers ist mit Hohlkehle aus rostfreiem 1.403er-Stahl geschmiedet. Den Hirschhorngriff ziert ein Schnitzmotiv.

3. Herbertz Fahrtenmesser: feststehendes Jugendmesser mit verstecktem Flacherl, auf dem ein Griff aus Pakkaholz geschoben und vernietet ist. Die Parierstange besteht aus Messing, der Abschlussknauf aus Gussmaterial, die knapp 10 cm lange Klinge aus AISI 420.

3

erstes eigenes Schneidwerkzeug aus der Jugendzeit erinnern, in der ein am Gürtel getragenes Fahrtenmesser als etwas Selbstverständliches angesehen und nicht kategorisch zum Mordwerkzeug stilisiert wurde.

Die ersten Modelle bestanden aus reinem Kohlenstoffstahl und mussten entsprechend gepflegt werden. Später standen zudem rostfreie Pendants zur Verfügung, die auch eine dauerhafte Verwahrung in der Lederscheide verziehen und der darin enthaltenen Gerbsäure keine Angriffsfläche boten. Die Bauart der althergebrachten Fahrtenmesser war einfach, aber dennoch stabil. Die Klingen wurden meistens flach geschliffen und verfügten in der Regel über eine gemäßigte, bruchunempfindliche Spitze. Neben dem obligatorischen Parierelement besaßen die Fahrtenmesser einen durchgehenden, versteckten Flacherl, auf dem ein aus mehreren Lederscheiben bestehender Griff aufgeschoben wurde. Den Ab-

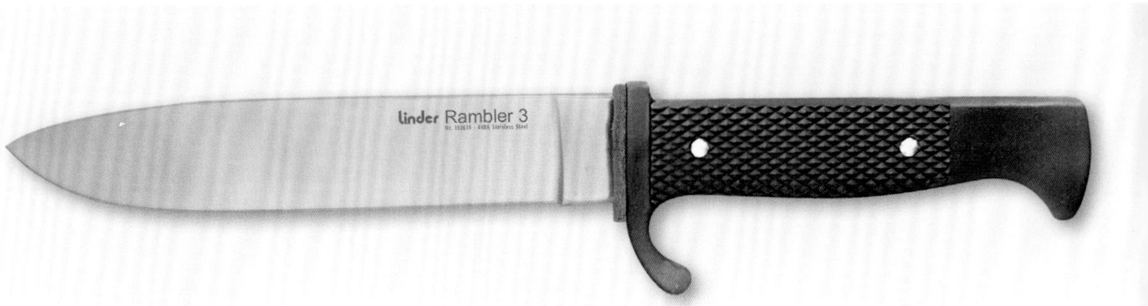

4

5

schluss bildete ein Aluminiumknauf, der mittels einer Messingmutter mit dem Gewindestück am Ende des Erls verschraubt wurde und die Konstruktion so fest zusammenhielt.
Es gab aber auch Varianten, die mit anderen Griffmaterialien, wie beispielsweise Hirschhorn oder Bakelit, bestückt waren und unterschiedliche Klingenformen aufwiesen.
Hierzu zählten in erster Linie Drop- und Clippoint-Klingen sowie meistens einseitig geschliffene Wurfmessermodelle, deren Spitze mittig, auf Höhe der Klingenachse angebracht war. Ihre Griffabschlüsse wurden oftmals als Figur ausgestaltet, und die dazugehörigen Lederscheiden besaßen entsprechende Motivprägungen.
Umgangssprachlich wurden diese Modelle im Laufe der Zeit dann als „Cowboy- und Indianermesser“ sehr populär. Dies führte dazu, dass die Messer ihren Weg auch in das Ausland und vor allem nach Übersee nahmen und jenseits des Atlantiks unter dem Begriff „Scoutknives“ vertrieben wurden. Einige amerikanische Hersteller produzierten in der Folge überdies eigene Modelle in verschiedenen Größen, die heute zu Klassikern geworden sind und den dortigen Sammlermarkt bereichern.

Low Budget – Enttäuschung vorprogrammiert

Aber Achtung: Zu unterscheiden sind all diese Markenprodukte von den auch heute noch in vielen Andenkenläden angebotenen Billigmessern, die in Fernost gefertigt werden und für wenig Geld zu erwerben sind. Während die Modelle aus Solingen den Anforderungen bezüglich Materialgüte und Verarbeitungsqualität gerecht werden, besteht die Importware aus dem Low-Budget-Bereich meistens aus minderwertigem Material und die Freude an dem Kauf schwindet spätestens beim ersten Gebrauch.

4. Linder Rambler: „Pfadfindermesser“ mit schwarz beschichtetem Griffelement und Kunststoffschalen. Die 14 cm lange Klinge mit kurzem Flacherl besteht aus 440A-Stahl. Das Messer besitzt eine Metallscheide mit Lederaufhänger für den Gürtel.

5. Pfadfindermesser von Linder mit 11 cm langer Klinge aus 420er-Stahl mit Rückensäge und Metallgriff. Die Kunststoffschalen sind gerautet. Der Klingenerl ragt ein Stück in das separate Griffstück und wird dort befestigt. Typisch für diese Messerart ist eine Metallscheide.

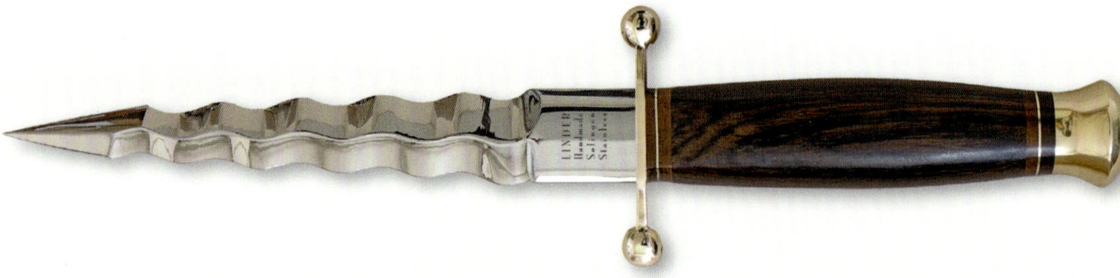

1

Auslaufmodell mit Sammlerwert

Nun, wie auch immer: In Deutschland sind die Fahrtenmesser mit ihrem typischen Aufbau zwischenzeitlich fast gänzlich aus der Mode gekommen und werden nur noch von einigen Solinger Herstellern produziert. Ihre modernen Nachfolger finden sich in anderen Gürtelmessern wieder, die für den Outdoor- und Freizeitbereich hergestellt werden und somit die Aufgaben der alten Fahrtenmesser übernehmen. Den Nimbus des traditionellen Jugendmessers besitzen diese Modelle jedoch nicht mehr.
Dies mag einer der Gründe sein, warum sich heute wieder vermehrt Sammler der Fahrtenmesser annehmen, die vor 100 Jahren auf den Markt kamen und sicherlich auch in Zukunft nicht gänzlich in Vergessenheit geraten werden.

SHEATHKNIVES

Alle in einer Scheide am Gürtel getragene Messer mit feststehender Klinge werden auf Deutsch „Gürtelmesser" genannt, im internationalen Sprachgebrauch ist aber der englische Begriff „Sheathknives" gängig. Diese Messer können den unterschiedlichsten Zwecken dienen. Während die klassischen Fahrtenmesser ihrer Bestimmung nach der Jugend vorbehalten waren, sind Gürtelmesser in der Regel als alltägliche Arbeitswerkzeuge gebräuchlich, in manchen Kulturen sogar Statussymbole.

Gebrauchs- und Sammlermesser

Manche Modelle sind zweckorientiert gestaltet, andere hingegen sehr universell einsetzbar und daher nicht in eine bestimmte Kategorie einzuord-

UNIFORMMESSER

Neben „zivilen" Modellen entstanden in den 1920er-Jahren auch Fahrtenmesser, die später – während der NS-Diktatur – als Uniformbestandteil an die „Hitlerjugend" ausgegeben wurden. Ihr Aufbau war nahezu identisch mit der Konstruktion von Bajonetten. Der nur kurze Flacherl der Klinge war nur wenige Zentimeter in den Griffkörper aus Gussmaterial eingelassen und dort verstiftet. Die Griffschalen aus Kunststoff wiesen eine raue Oberfläche mit Rautenmuster und Emblem auf. Ein Parierelement gehörte ebenso zum „HJ-Messer" wie eine Metallscheide mit Lederaufhängung für den Gürtel. Diese Form der Fahrtenmesser wurde auch nach Kriegsende weiterproduziert und als „Pfadfindermesser" vermarktet.

2

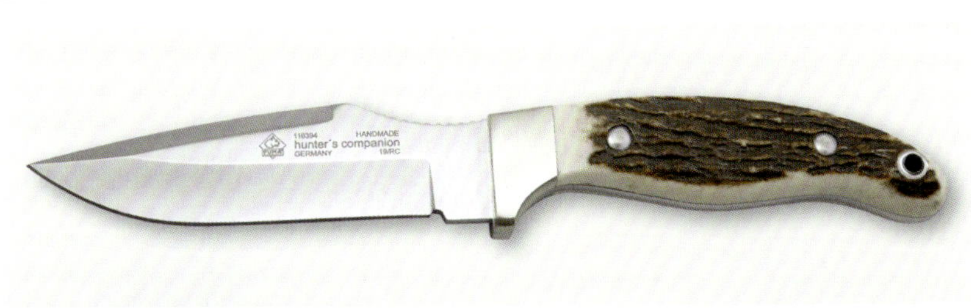

3

4

1. Linder Flammendolch: Sammlerstück mit 13 cm langer, hochglanzpolierter Klinge aus geschmiedetem 1.4034er-Stahl. Die Griffrolle aus Grenadill-Holz ist auf den versteckten Erl geschoben und mit dem Messingknauf verschraubt.

2. PUMA TEC Gürtelmesser: titanbeschichtetes Messer aus 420er-Stahl. Die verschraubten Kunststoffschalen besitzen eine Aussparung, die den Blick auf das in den Flacherl gelaserte Firmenemblem des Herstellers freigibt.

3. PUMA Hunter's Companion: Solinger Allrounder aus AISI-440C-Stahl mit durchgehendem Flacherl, Backen aus Neusilber und Hirschhornschalen. Die knapp 11 cm lange Klinge besitzt eine ausgeprägte Daumenrampe.

4. Linder Texas Hunter: Sammlermesser mit geschmiedeter Klinge aus DIN 1.4034 und Hirschhorngriff mit ornamentierten Monturen aus Neusilber. Der durchgehende, versteckte Erl ist mit der Abschlusskappe verschraubt.

nen. Solche Gürtelmesser können genauso zum Obstschälen, Brotschmieren und bei einem Picknick genutzt werden, wie zum Schnitzen oder Zerschneiden verschiedener Materialien. Selbstverständlich ist auch hier die Angebotspalette sehr groß und reicht vom Low-Budget-Messer über Mittelklasseware bis zum teuren High-End-Produkt.

TIPP

Wenn Gürtelmesser im täglichen Gebrauch auch nicht mehr oft genutzt werden, können sie aber dennoch sehr zweckdienlich sein oder einen interessierten Sammler erfreuen.

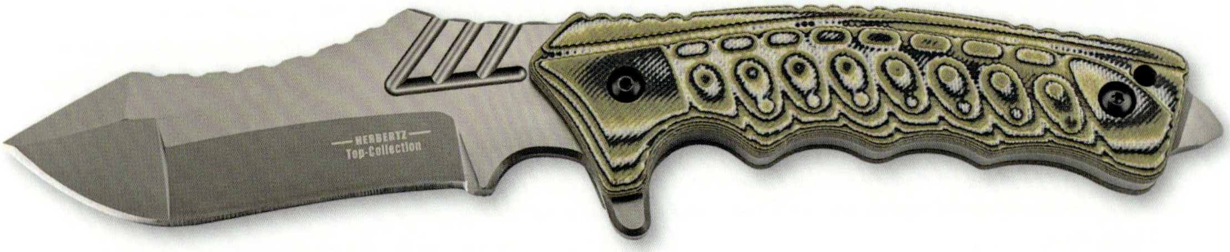

1

2

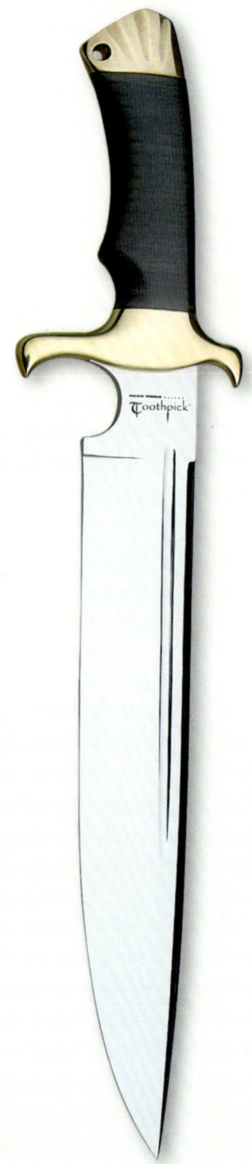

3

1. Herbertz TOP-Collection Gürtelmesser: aus einem Stück Flachstahl hergestelltes Messer aus titanbeschichtetem 440er-Stahl mit einer 11 cm langen Klinge, die unterschiedliche Schliffe aufweist

2. Der Erl des Gürtelmessers TOP-Collection trägt verschraubte Griffschalen aus G10. Die Scheide besteht aus passgenau geformtem Kydex.

Neben den funktionalen Gürtelmessern befinden sich viele Modelle auf dem Markt, die mit ganz besonderen Klingenformen und Griffelementen ausgestattet sind und daher mehrheitlich als Sammlerstücke gehandelt werden.
Dazu gehören z. B. Film- und Fantasy-Messer sowie Modelle, die historischen Stücken nachempfunden wurden. Allerdings ist auch hier vor dem Kauf auf die Qualität zu achten, denn nicht jedes edel anmutende Stück hält auf den zweiten Blick, was sich der neue Besitzer noch im Laden davon versprochen hatte. Hier gelten dieselben Regeln wie auch bei allen anderen Schneidwerkzeugen. Wer nicht nur ein reines Dekorationsobjekt für

4

5

6

3. Toothpick von Down Under Knives: Gürtelmesser mit ca. 28 cm langer Klinge aus 440C-Stahl, Griff aus Lederscheiben sowie Parierelement und Knauf aus Messing. Die Griffelemente sind mittels Gewinde im versteckten Erl verschraubt.

4. Wildsteer Baby Wild: aus einem Stück gefertigtes Outdoormesser aus Sandvik-Stahl 12C27. Den Griff bildet ein Stück Leder, das den durchgehenden Flacherl umspannt.

5. Die Scheide des Wildsteer Baby Wild ist so gestaltet, dass das Messer darin längs oder quer am Gürtel getragen werden kann.

6. Marttiini Elch: finnisches Sammlermesser mit verstecktem Erl, auf dem ein Holzgriff mit einem gegossenen Endstück aus Bronze befestigt ist. Die 11 cm lange Klinge aus Kohlenstoffstahl trägt ein Schmiedefinish.

die Wand oder Vitrine haben möchte, informiert sich über die verwendete Stahlsorte und schaut auch auf die Konstruktionsart sowie Verarbeitungsqualität.

Messerscheiden

Zu jedem Gürtelmesser gehört auch eine Scheide. Einerlei ob Steckscheide oder Köcherscheide ... wichtig ist, dass das Messer darin verlustsicher geführt werden kann. Dazu gehört in erster Linie eine genaue Passform, die auf das jeweilige Modell zugeschnitten sein muss. Universalscheiden ohne fest sitzenden Sicherungsriemen erfüllen den zugedachten Verwendungszweck nicht.

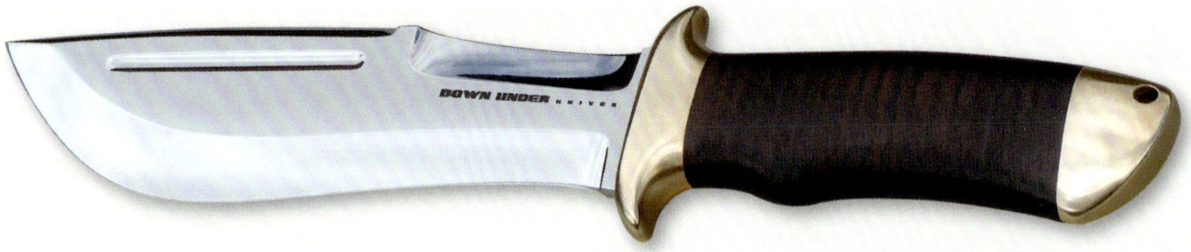

1

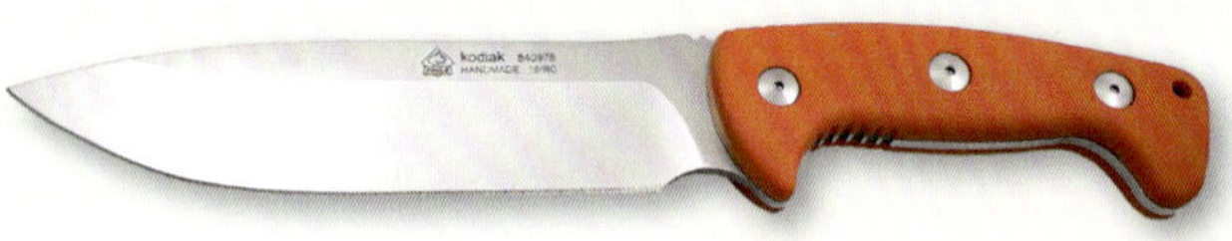

2

1. Razorback™ von Down Under Knives: funktionales Outdoormesser mit 18-cm-Klinge aus 440C-Stahl und Griff aus Lederscheiben sowie Messing-Monturen. Der Klingenrücken besitzt eine zusätzliche Schneide.

2. PUMA IP Kodiak: schweres Allroundmesser, aus einem Stück 440C-Stahl gefertigt und mit 19 cm langer und 5 mm starker Klinge. Die Griffschalen aus G10-Kunststoff sind verschraubt.

CAMPKNIVES

Wer seinen Urlaub nicht in geschlossenen Räumen verbringen möchte, hat die Möglichkeit, das komfortable Wohn- oder Hotelzimmer gegen ein Lager im Freien einzutauschen und zu Campen. Obwohl moderne Campingplätze heutiger Prägung viele der von daheim gewohnten Annehmlichkeiten bieten, bleibt doch mancher Unterschied zum Zuhause weiterhin bestehen. Vielleicht sind es gerade diese Unterschiede, die Menschen dazu bewegen, ihre freie Zeit in natürlicher Umgebung zu verbringen. Dies gilt umso mehr für viele Outdoor-Enthusiasten, die ihr Lager außerhalb reglementierter Plätze aufschlagen und die Nächte in einem Waldstück verbringen, in dem dies gestattet ist. Während auf dem Campingplatz meistens der Gaskocher oder ein Elekrogrill zur Zubereitung einer Mahlzeit benutzt wird, muss der „freie" Camper selbst für ein Feuer sorgen. Auch für die Errichtung des Lagers sowie einer Unterkunft sollten einige wichtige Vorbereitungen getroffen werden. Dazu gehört das Abschlagen von Ästen, Schnitzen von Spänen für das Feuer, Spalten von Holz („Betoning") und andere Verrichtungen, für die ein geeignetes Messer benötigt wird.

Auf Robustheit kommt es an

Die vorrangige Eigenschaft eines solchen „Campknives" sollte Stabilität sein. Nichts dürfte fataler sein als eine abgebrochene Klinge! Aus diesem Grund muss ein gutes Campknife ein starkes Blatt sowie einen durchgehenden Flacherl besitzen, auf dem ein handfester Griff befestigt ist. Außerdem darf der Schliff nicht zu dünn oder gar hohl ausfallen, sondern muss eher robust und ballig sein. Für schlagende und hackende Arbeiten ausgelegte Klingen sollten auch lang genug ausfallen und nicht zu hoch gehärtet sein, um Ausbrüche zu verhindern.

Schneiden und Hacken

Ausnahmen bilden Klingen, die für gröbere Arbeiten zusätzlich eine Beilschneide auf dem Rücken besitzen und somit für etwas feinere Schnitte und schlagende Arbeiten gleichermaßen geeignet sind.

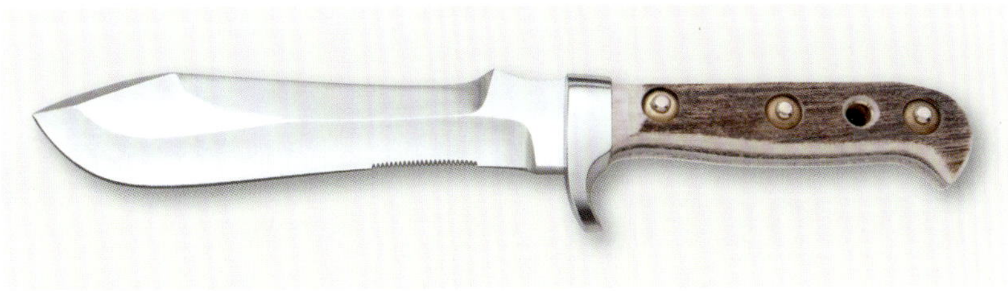

3

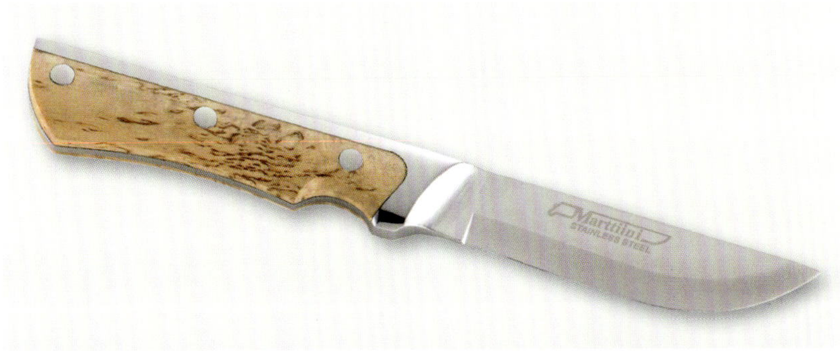

4

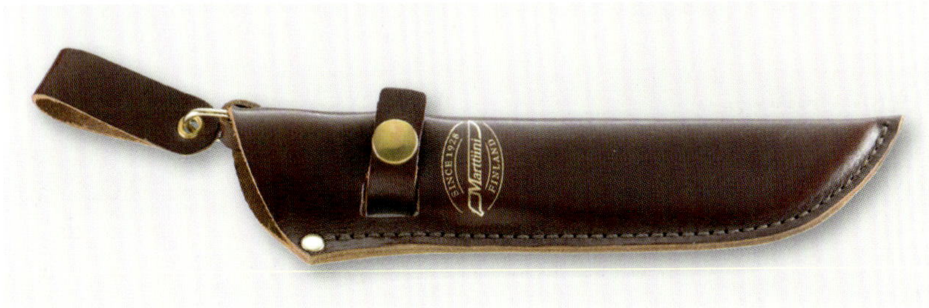

5

3. PUMA White Hunter: original Solinger Klassiker, aus DIN 1.4116 im Gesenk geschmiedet. Auf den durchgehenden Flacherl sind ein Aluminium-Knebel geschoben und Hirschhornschalen vernietet. Auf dem Rücken hat die etwas über 15 cm lange Klinge eine zusätzliche Beilschneide.

4. Marttiini Jagdmesser: robustes Integralmesser, aus einem Stück AISI-440er-Stahl gefertigt. Die Griffschalen bestehen aus gemasertem Birkenholz.

5. Die Lederscheide des Marttiini Jagd-Intergralmessers ist mit einem integrierten Kunststoff-Durchstechschutz versehen.

Alternativ können grobe Hackarbeiten natürlich auch mit einem Handbeil ausgeführt werden, sofern ein solches Zusatzwerkzeug dabei ist. Mitunter soll eine Ausrüstung aber bewusst minimalistisch ausfallen, weil es darum geht, Gewicht zu sparen oder einfach mit möglichst wenigen Hilfsmitteln auszukommen. Dann ist ein qualitativ hochwertiges und stabiles Campknife mit bruchunempfindlicher Klinge die beste Wahl, auch wenn deren Schnittfähigkeit aufgrund der besonderen Zweckbestimmung etwas unter dem Niveau reiner Schneidwerkzeuge mit filigraner Schneide liegen mag.

MITUNTER ÜBERLEBENSGARANTEN

Erstklassige Campknives sind aufgrund ihrer universellen Einsatzmöglichkeiten auch als „Survival-Messer“ ideal. Ist man in der Wildnis tatsächlich einmal auf sich allein gestellt, ggf. sogar ohne Ausrüstung und Proviant, steigen mit einem soliden Messer, das sich für viele Arbeiten eignet, die Überlebenschancen selbst in einer scheinbar ausweglosen Lage. Es ist also überaus wichtig, dieses Werkzeug unterwegs stets verlustsicher am Körper zu tragen. In Ausnahmesituationen können Messer nicht zuletzt dann auch Leben retten.

Kunstwerke mit scharfen Klingen

Jürgen Schönfisch, Sammler klassischer Fahrtenmesser

Alte Liebe rostet nicht

Der Grundstein für meine Leidenschaft wurde gelegt, als ich 14 Jahre alt war und mein Onkel mir ein Fahrtenmesser schenkte, das er selbst bereits in seiner Jugend bekommen hatte. Als Jugendliche bestaunten meine Freunde und ich dann beim gemeinschaftlichen Schnitzen gegenseitig unsere tollen Messer. Jeder besaß ein anderes Modell. Heute leider unvorstellbar. Zwischenzeitlich verschwand mein Fahrtenmesser irgendwann in einer meiner Schubladen. 2012 fand ich es beim Aufräumen wieder und war erneut sofort Feuer und Flamme. Ich reinigte es, arbeitete es ein wenig auf und legte in unsere Wohnzimmervitrine.

„Sammelsucht"

Beim Stöbern im Internet stieß ich dann schnell auf weitere Fahrtenmesser, und da war es um mich geschehen. Seitdem suche ich ständig weltweit nach neuen „alten Schätzen". Meine Sammlung wuchs schnell, und die Liebe zu diesen wunderbaren Jugenderinnerungen ist ungebrochen. Wer einmal mit dem Sammelbeginnt, kommt sehr schwer wieder davon los. Ob aus Karbonstahl oder später rostfreien Stählen: Die Vielzahl an Klingen und Griffvarianten scheint unendlich zu sein. Immer wieder stößt man auf eine neue Griff-Klingen-Kombination. Auch die „pommels", wie die Knäufe auf Englisch heißen, und Parierstangen variieren von Messer zu Messer. Dazu kommen noch die wundervollen und detailgetreuen Tiefenätzungen auf den Klingen. Die Schmiedemeister waren damals unglaublich kreativ und ließen ihrer Fantasie freien Lauf.

Messer verbinden

Als Sammler findet man immer wieder neue und interessante Informationen zu diesen Kunstwerken. Die Klingenstadt Solingen bietet viele tolle Möglichkeiten dafür. Außerdem lernt man mit der Zeit auch viele freundliche und gleichgesinnte Menschen kennen. Oft spezialisiert sich der eine oder andere Sammler auf eine Klingenschmiede oder bestimmte Messermodelle. Einfach, weil die Vielfalt so riesig ist. Ich habe so durch mein Hobby einige meiner besten Freunde kennengelernt. Lange und interessante Gesprächsabende sind garantiert.

Als Fahrtenmesser sind Jürgen Schönfischs gesammelte Messer weitgehend identisch aufgebaut. Unterschiedlich fallen aber Griffabschlüsse und -materialien, Klingenformen und -motive sowie die Parierelemente aus.

LEBEN IN UND MIT DER NATUR

Ursprünglich und möglichst abseits der Zivilisation zu leben, ist für leidenschaftliche Naturliebhaber mehr als nur Freizeitbeschäftigung. Der Grundsatz „möglichst wenig Ballast“ gilt auch für die mitgeführten Messer.

Messer für „Buschhandwerk“ und Helden

Während beim Campen das Einrichten eines festen Lagers im Vordergrund steht, beschäftigt sich „Bushcraft“ mit dem Leben im Wald bzw. in der Wildnis. Vielseitig verwendbar sind auch die legendären Bowie-Messer, die seit fast 200 Jahren ihren festen Platz im Sortiment der Messeranbieter haben.

Während beim Campen das Einrichten eines festen Lagers im Vordergrund steht, beschäftigt sich „Bushcraft“ mit dem Leben im Wald bzw. in der Wildnis. Die Herausforderungen sind umfangreicher und erfordern ganz besondere Fertigkeiten, die es stets zu erweitern gilt. Die „Lehre vom Buschhandwerk“ könnte man auch als eine Philosophie bezeichnen, die ein ständiges Lernen im Umgang mit der Natur zum Ziel hat. Obwohl absoluter Minimalismus nicht an erster Stelle steht, sollte die mitgeführte Ausrüstung auf das Wesentliche beschränkt und vor allem zweckdienlich sein. Dies gilt in gleichem Maße für die Auswahl der benötigten Messer.

Croco Ravager D2: Bushcraft-Messer mit 14-cm-Klinge aus D2-Werkzeugstahl und Griffschalen aus Micarta. Der Klingenrücken trägt eine Beilschneide.

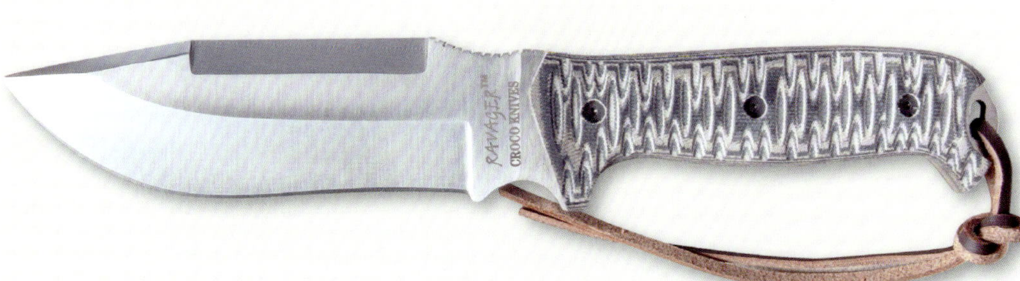

1

1. Der Lieferumfang des Ravager D2 umfasst eine Lederscheide und darüber hinaus einen Feuer- und einen Wetzstahl.

2. Helle Mandra: norwegisches, kompaktes Messer aus rostfreiem Drei-Lagen-Stahl und Griffschalen aus Maserbirke auf dem durchgehenden Erl. Die Klinge ist mit 7 cm kurz, aber dafür sehr breit gehalten.

3. Morakniv Companion: Die Klinge dieses Modells ist aus schwedischem 12C27er-Stahl hergestellt und weist einen Scandischliff auf. Der Griff auf dem versteckten Erl besteht aus gummiertem Kunststoff.

2

3

4

5

4. Das führige Eickhorn Bushcraft Knife (EBK) ist orange mit knapp 12 cm langer 1.4110er-Klinge. Die Griffschalen aus G10 sind mit dem durchgehenden Flacherl verschraubt. Die Scheide aus Kernleder mit integrierter Halterung für den dazugehörigen Feuerstahl kann vertikal und horizontal getragen werden.

5. PUMA IP Chopper Olive: Fulltang-Messer mit Scandischliffklinge aus spanischer Produktion. Der verwendete Stahl ist österreichischer Böhler N690 (ähnlich DIN 1.4125) die Griffschalen sind aus Olivenholz.

BUSHCRAFT-MESSER – EIGENSCHAFTEN UND MERKMALE

Im Gegensatz zum typischen Campknife für den groben Gebrauch ist ein Bushcraft-Messer mehr auf Schneidleistung ausgelegt und besitzt eine meist flach geschliffene, nicht zu lange Klinge, in der Regel ohne eingeschliffene Beilschneide. Die Bauweise ist dennoch robust, damit mit dem Messer beispielsweise auch Holz gut bearbeitet werden kann.

Klinge, Erl und Griff

Die Konstruktion sollte daher über einige wichtige Merkmale verfügen. Klinge und Erl sollten möglichst aus einem einzigen Stück Stahl bestehen. Ein voll durch den gesamten Griffbereich verlaufender Flacherl („Fulltang“) bietet schließlich die beste Stabilität. Die Griffschalen müssen gut in der Hand liegen und dürfen beim Arbeiten auf keinen Fall Blasen verursachen. Um universell einsetzbar zu sein, verfügen die meisten Bushcraft-Messer über eine gemäßigte, etwas oberhalb der Klingenachse liegende Spitze sowie einen unterhalb des Klingenspiegels angesetzten Flach- oder Scandischliff. Dies stärkt das Blatt bei Seitenbelastung und lässt trotzdem eine feine Schneide zu.

TIPP

Manche Buhscraft-Messer besitzen einen scharfkantigen Erlüberstand oder eine im Griff eingelassene Metallbuchse, die dem „Feuerstarter“ anstelle des Klingenrückens als Reibefläche dient.

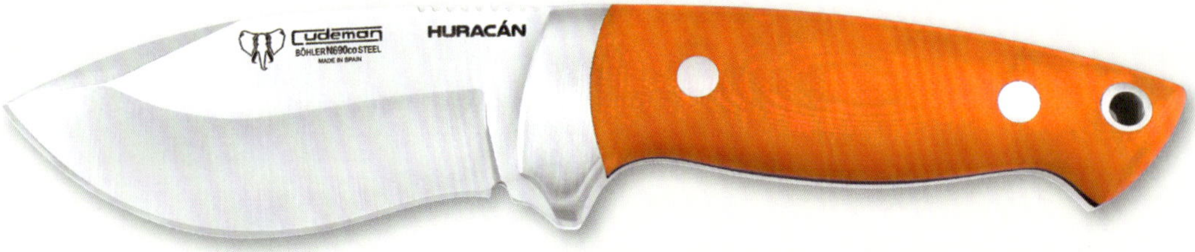

1

2

1. Das Cudeman HURACAN 205-J Outdoor Knife besitzt eine 9-cm-Klinge aus Böhler N-690co-Stahl und vernietete Griffschalen aus G10. Mithilfe der auf einer Seite eingelassenen Edelstahlbuchse und eines Firesticks kann Feuer entfacht werden

2. PUMA XP Forever Survival Knife: Outdoormesser aus 440er-Stahl mit verstecktem, durchgehendem Flacherl und darauf geschraubtem gummiertem Griff.

Für Bushcraft bestens gerüstet

Ein solches Schneidwerkzeug ist vielseitig einsetzbar und trotzdem für die speziell im Bushcraft anfallenden Verrichtungen ausgezeichnet geeignet. Hierzu gehören unter anderem das Zubereiten von Mahlzeiten, das Errichten von Unterkünften und das Entfachen von Feuer. Dazu wird oftmals ein mit Magnesium angereicherter Stahlstab („Firestick") benutzt. Streicht man mit der Kante des Klingenrückens daran entlang, entstehen Funken, die das Brennmaterial schließlich entzünden.

Das Bushcrafting hat zunehmend an Bedeutung gewonnen und immer mehr Menschen interessieren sich für elementare Überlebensstrategien. Entsprechend ist die Angebotspalette der dafür geeigneten Messer sehr breit geworden. Die Auswahl des richtigen Messers darf daher nicht nur von dessen Preis, sondern sollte auch von der gebotenen Qualität bestimmt werden.

MESSEREINSATZ NATURPFLEGLICH

Beim Bushcrafting und anderen Outdooraktivitäten darf ein Messer nie rechts- oder naturschutzwidrig eingesetzt werden: Zum Feuermachen, Schnitzen o. Ä. wird immer nur totes Holz verwendet. Lebende Bäume oder Sträucher zu verletzen, ist ebenso unethisch wie unnötig.

Camillus Blades S. K. Mountain, entwickelt von Survival-Experte Les Stroud, mit Drop-Point-Klinge aus beschichtetem AISI-440-Stahl und Zusatztools wie Klingenschärfer, SOS-Signalspiegel, Sicherheitsschnur, Feuerstarter und Mini-LED-Leuchte inklusive Signalpfeife.

Das Messer – verlässlicher Partner in der Natur

Peter Nydegger, Schmied und Inhaber einer Wildnisschule

Messer, Eisen & Stahl

Meine Erfahrungen im Umgang mit Messern habe ich in einem langen Arbeitsleben in den Schweizer Alpen gesammelt, wo ich sieben Sommer als Alphirte und einen Winter als umherziehender Schafhirte im Freien verbrachte. Die Begeisterung für Eisen und Stahl wurde schon in meiner Kindheit geweckt. Mit dem Vater, dem letzten Fuhrmann von Bern, und seinem Pferdegespann durfte ich oft die Geschäfte beliefern und auch mit nach Bümpliz zum Hufschmied. Dem Mann sah ich bei der Arbeit zu und war danach fasziniert von seinen Werkstoffen. Die Schmiede wurde übrigens später abgebaut und kann noch heute im Heimatmuseum von Ballenberg besichtigt werden. Spielte ich mit meinen Freunden im Wald, war ich der Schmied, saß in den ausrangierten Eisenbahnschienen, die mir als Amboss dienten, und schmiedete aus alten Fassreifen Schwerter für meine Freunde und mich. Ein Taschenmesser hatte ich auch damals schon immer dabei.

Ein eingespieltes Team

Diese und weitere Fähigkeiten haben mir später sehr geholfen, in und mit der Natur zu leben. Und ich erkannte auch, was es bedeutet, ein verlässliches Messer zu besitzen. Sei es in Situationen, die schnelles Handeln erforderten: um z. B. ein Tier zu befreien, das sich in einem Busch verfangen hatte, oder um in der Nacht Äste für ein Feuer zu spalten. Auf ein Messer muss man sich draußen einfach verlassen können. Das schließt auch die sichere Handhabung ein, denn bei Minusgraden z. B. und kalten Fingern besteht die Gefahr, sich selbst zu verletzen. Das Messer muss einem so vertraut sein, damit man in jeder Situation, bei Tag und Nacht, bei jedem Wetter, sowohl in Eile als auch mit Zeit, sicher damit arbeiten kann.

Wenn man also solch einen wirklich treuen Begleiter sucht, muss man sich Zeit lassen und darf nicht nur nach optischen Kriterien wählen. Wichtig ist, ein Messer wirklich in der Hand zu spüren, „Kontakt“ mit ihm „aufzunehmen“, gleichsam Bekanntschaft mit ihm zu machen, denn es soll einen ja ein Leben lang begleiten. Für mich persönlich ist dabei ein feststehendes Messer aus Kohlenstoffstahl optimal. Eine Klingenlänge zwischen 11 und 13 cm ist auf jeden Fall ein guter Richtwert. Und eine Blattstärke von 3 bis 3,5 mm reicht völlig aus, um kleinere Äste spalten zu können.

Handwerkszeug für Groß & Klein

Was ich in der eingangs geschilderten Zeit gelernt habe, gebe ich nun in meinen Kursen in der „Wildnisschule Bärentatze“ an andere Menschen weiter, denn es ist großartig, sich in der Natur zuhause zu fühlen. Der Schwerpunkt liegt hier ganz auf dem Handwerklichen. Wir arbeiten mit Holz, Leder und Stahl. Einen Teil des Werkzeugs, mit dem später Holz oder anderes Material bearbeitet wird, schmieden wir zum Teil selbst. Und natürlich fertigen wir auch gemeinsam Messer, die wirklich zu den jeweiligen Bedürfnissen passen. Dabei arbeite ich mit Erwachsenen und Kindern. Für die Kleinen empfehle ich anfangs eher feststehende Messer mit kurzer Klinge und angepasstem Griff, der gut in der Hand liegt.
Übrigens: Das Schnitzen schöner Gegenstände aus Holz macht allen Altersgruppen Spaß, vor allem, wenn man einmal bei Sonnenschein entspannen und etwas kreativ sein möchte.

Als Schmied fertigt Peter seine Messer selbst an. Alte, bewährte Formen und Materialien hat er auch bei seinem Lieblingsmesser gewählt. Selbstverständlich ist auch die lederne Köcherscheide eine Eigenanfertigung.

LEGENDEN STERBEN NIE

James „Jim“ Bowie war solch eine Legende.
Diesem in Texas als einen der Helden in der Schlacht von Alamo gefeierten Helden hat vor allem auch das nach ihm benannte Messer ein vielleicht sogar ewiges Denkmal gesetzt.

Bowie-Messer

Die nachfolgenden Zeilen stammen aus einem Lied über einen Mann und sein Messer. Sie sind bezeichnend für die Entstehung einer Legende, die auf Tatsachen beruht und mehrfach verfilmt wurde.

„Jim Bowie / He was a bold adventurin' man / Battled for the right with a powerful hand / His blade was tempered and so was he / Indestructable steel was he!"

„Jim Bowie / Er war ein mutiger Abenteurer / Für das Recht mit kraftvoller Hand gekämpft / Seine Klinge war gehärtet und so auch er / Unzerstörbarer Stahl war er!"

Die Entstehungsgeschichte des Bowie-Messers begann vor etwa 200 Jahren mit dem texanischen Volkshelden James „Jim" Bowie, der im Jahr 1836 in der legendären Schlacht am „Alamo" fiel.

HISTORIE

Schon vor der Schlacht war Namensgeber James Bowie durch zahlreiche Abenteuer bekannt geworden. Überliefert ist, dass er sein Messer stets bei sich trug und in mehreren Auseinan-

The Alamo Bowie 40 Years Revival Limited Edition: gigantisches Sammlermesser mit Ätzungen auf Vorder- und Rückseite der 40-cm-Klinge aus 1.403er-Kruppstahl, durchgehendem Flacherl, Griffschalen aus Sambar-Hirschhorn sowie Neusilberguss-Parierelement und -Backen. Es wiegt stolze 1700 g.

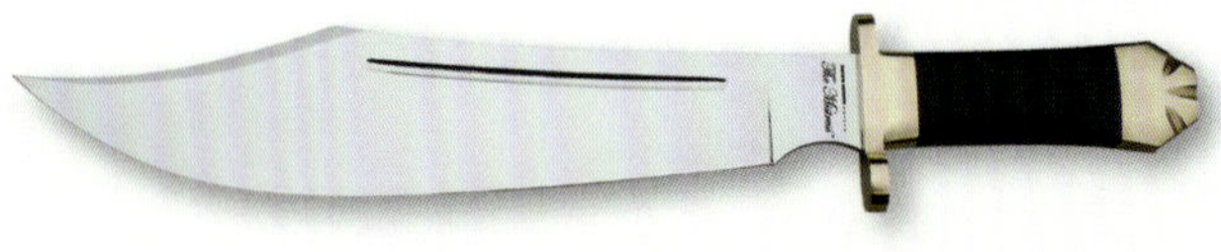

1

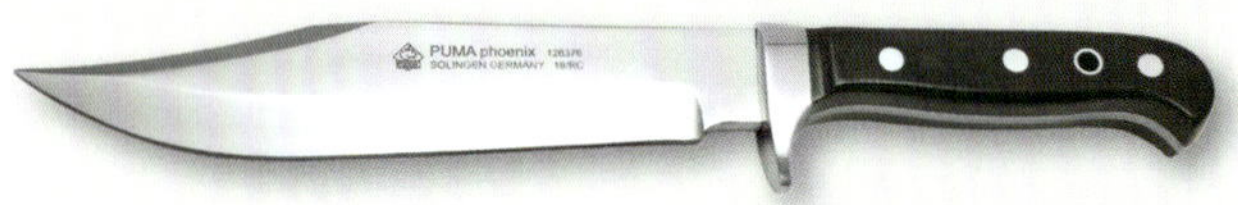

2

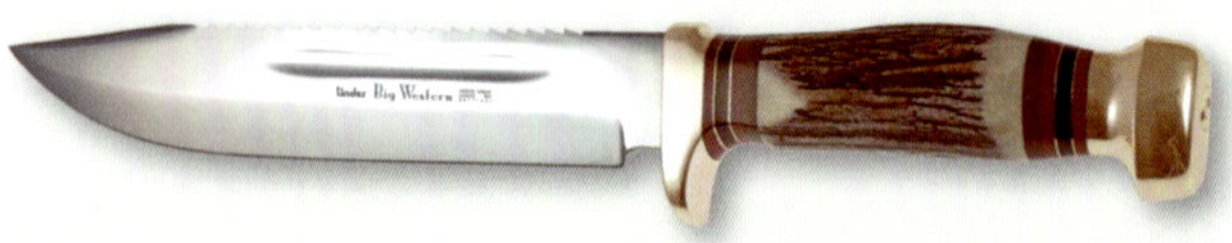

3

4

5

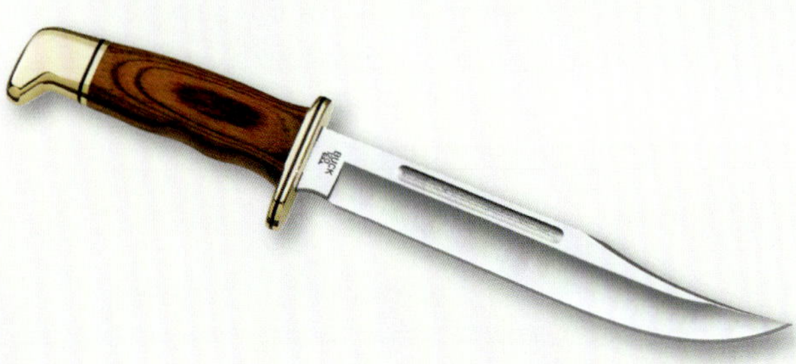

6

1. Mistress von Down Under Knives: großes, schweres Bowie-Messer mit 33 cm langer, dualgehärteter Klinge (Schneide 58–59 HRC/Rücken 45–46 HRC) aus 440C-Stahl. Ein Lederelement sowie Parierstück und Knauf aus Messing bilden den Griff. Die Monturen sind mit dem durchgehenden, versteckten Erl verschraubt.

2. PUMA Phoenix: großes Bowie-Messer, aus 1.4116er-Messerstahl im Gesenk geschmiedet. Die Klinge ist 20 cm lang und 7 mm stark, der durchgehende Flacherl mit Pakkaholz beschalt.

3. Linder Big Western Classic: klassisches Western-Bowie mit Hirschhorngriff und Parierelement sowie Knauf aus Neusilber. Die 21 cm lange Klinge aus 1.4034er-Stahl mit gefräster Rückensäge und der durchgehende Erl sind am Stück im Gesenk geschmiedet.

4. PUMA Original Bowie: Solinger Klassiker aus 1.4125er-Stahl mit durchgehendem Flacherl, Aluminiumknebel und aufgenieteten Hirschhornschalen. Die Klinge ist knapp 17 cm lang.

CLIP-POINT NICHT NUR AM BOWIE

Die typische Bowie-Klingenform ist für viele Anwendungen geeignet. Sie wird daher nicht nur bei feststehenden Modellen, sondern auch sehr oft für Taschenmesser verwendet. Außerdem finden sich Clippoint-Klingen an vielen Modellen anderer Messergattungen, z. B. solchen für die Jagd und den Outdoorbereich.

7

dersetzungen einsetzte. Dem Mythos nach ließ er es von einem Schmied herstellen, der dem Stahl Eisenerz von einem Meteoriten beimischte, wodurch die Klinge besondere Kräfte erhielt. Ganz so war es aber nicht: Belegt ist mittlerweile nämlich, dass James das Messer von seinem Bruder Rezin erhielt, um sich in Gefahrensituationen besser schützen zu können. In den nächsten Jahrzehnten gewann das Bowie-Messer zunehmend an Popularität und wurde in verschiedenen Größen und Ausprägungen produziert.

Das Merkmal Klingenform

Im Laufe der Zeit etablierte sich eine ganz bestimmte Klingenform, die mit dem ursprünglichen Modell nicht zwingend übereinstimmt, heute aber als Synonym für alle Bowie-Messer steht.
Ein besonderes Merkmal ist die sogenannte Entenschnabelspitze („Clip-Point"), die entweder auf Höhe der Klingenachse oder auch etwas darüber liegen kann und über eine angeschliffene Phase verfügt. Manche Bowies sind flach geschliffen, die meisten Modelle zeigen jedoch einen Hohlschliff unterhalb des Klingenspiegels. Da ihre ursprüngliche Bestimmung in der Funktion eines Kampfmessers lag, besitzen typische Bowie-Messer auch heute noch ein ausgeprägtes Parierelement.

Historische Varianten

Neben den Modellen mit durchgehendem Flacherl und aufgenieteten Schalen werden auch heute Exponate angeboten, die nach historischen Vorbildern gestaltet und mit verstecktem Erl sowie aufgeschobener Griffrolle ausgestattet sind. Für den klassischen Style sorgen nach wie vor meist natürliche Griffmaterialien wie Holz oder Hirschhorn.

Legenden sterben nie!

Auch wenn das „Bowie" weder von James noch von Rezin tatsächlich erfunden wurde, haben die beiden Brüder diesen besonderen Typus doch überaus populär gemacht. Romane und Westernfilme haben dazu beigetragen, dass sich heute noch viele Menschen für das berühmte Messer von James Bowie begeistern können. Dies mag auch einer der Gründe sein, warum es so viele Sammler gibt, die dafür sorgen, dass die Geschichten um das Bowie-Messer nicht in Vergessenheit geraten. Denn Legenden sterben bekanntlich nie!

5. Linder Old Western Bowie: Old-Style-Bowie mit knapp 18 cm langer 440C-Klinge und Neusilberknebel. Die aufgeschobene Hirschhornkrone ist mit dem versteckten Erl verklebt.

6. Buck General: amerikanisches Bowie mit 19-cm-Klinge aus 420HC-Stahl. Der Pakkaholz-Griff ist samt den Messingmonturen mit dem versteckten Flacherl verstiftet. Die Klinge weist einen Hohlschliff und eine Blutrinne auf.

7. Linder Big Eagle BUFFALO EDITION: großes Classic-Bowie mit Adlerkopfknauf und Hundekopfknebel aus Neusilber. Die Klinge ist 25 cm lang und aus 440A-Stahl gefertigt. Die Hirschhornschalen sind mit dem durchgehenden Flacherl vernietet.

BUSCH- UND SPEZIAL-MESSER

ERNTEWERKZEUG MIT KRIEGERISCHEM TOUCH

Macheten waren ursprünglich reine Erntemesser, die vor allem von Waldarbeitern und in Zuckerrohrplantagen eingesetzt wurden.
In manchen Filmen feiern sie fröhliche Urstände als martialische Kampfwerkzeuge.

Macheten

Macheten sind reine Hiebwerkzeuge und daher ausschließlich für den schlagenden Gebrauch ausgelegt. Im Sprachgebrauch werden diese Werkzeuge auch „Buschmesser“ genannt, denn in unwegsamer Wildnis finden sie heute noch ihre bevorzugte Verwendung.

Machetenklingen können bis zu 50 cm lang sein, während ihre Rückenstärke meistens 3 bis 4 mm in aller Regel nicht übersteigt. Aufgrund seiner Breite ist das Blatt aber trotzdem stabil, zumindest, solange es keiner übermäßigen Hebelbelastung ausgesetzt ist.

HERKUNFT LANDWIRTSCHAFT

Die ursprüngliche Funktion aller Macheten war die eines Haumessers, das bei der landwirtschaftlichen Erntearbeit eingesetzt wurde. Dort, wo keine Maschinen zum Einsatz kommen, ist das auch heute noch bei der

Linder Rugged Machete: typisches Hauwerkzeug mit 45 cm langer, beschichteter Klinge aus 420er-Stahl. Auf dem Flacherl sind Schalen aus Buchenholz vernietet.

1

2

1. Kershaw Parang: „Parang" bezeichnet große Messer bzw. Macheten, die ihren Ursprung in Malaysia haben. Die etwas über 30 cm lange Flachangelklinge aus Carbonstahl ist oxidbeschichtet. Der Griff besteht aus einem Nylon-Kunststoff-Gemisch.

2. Machete der Serie PUMA TEC: Modell mit 36 cm langer, beschichteter Klinge aus AISI-420-Stahl und aufgeschobenem Gummigriff. Die Klingengeometrie kennzeichnet ein breiter Ortbereich mit bauchiger Schneide.

Gewinnung bestimmter Erzeugnisse der Fall. Dies gilt insbesondere für die Forstwirtschaft und ähnliche Bereiche. Die Klingenformen dieser Werkzeuge sind oft den jeweiligen Verwendungszwecken angepasst und können daher durchaus unterschiedlich ausfallen.

FORMEN UND EIGENSCHAFTEN

Die auf dem Markt befindlichen Macheten weisen eine relativ große Formenvielfalt auf. Bei manchen Modellen ist allerdings der Einfluss von Exponaten spürbar, die speziell für die Filmwelt entworfen wurden und in Produktionen verschiedener Genres als martialische Waffe vorkommen. Auch wenn solche Nachbauten einen gewissen Nutzwert besitzen mögen, dienen sie aber mehrheitlich doch nur als Wandschmuck. Macheten sind Werkzeuge und müssen daher zweckdienlich gestaltet sein.

Bauchige Schneide

Gebrauchstüchtige Haumesser sollten ihren Schwerpunkt relativ weit vorn haben, um beim Zuschlagen eine möglichst hohe und damit effektive Hiebwirkung zu erzielen. Auf eine ausgeprägte Spitze kann verzichtet werden, da Macheten für zustechende Tätigkeiten grundsätzlich nicht ausgelegt sind.
Wichtig dagegen ist eine lange und im vorderen Bereich bauchige Schneide, die möglichst weit nach oben gezogen ist. Dadurch verlängert sich die nutzbare Schneidenlänge erheblich, sodass z. B. beim Freischlagen von Wegen gleich mehrere Zweige mit einem Hieb durchtrennt werden können.

Konkave Schneide

Neben dieser klassischen Klingenform haben sich Modelle etabliert, die ähnlich einem nepalesischen Khukuri (auch Khukri oder Kukri) – zur Schneide hin gekrümmten Messern mit in der Mitte verbreiterter Rückenklinge – gestaltet sind. Deren Klinge selbst ist ebenfalls in der Mitte verbreitert und läuft dann schmaler werdend in eine nach unten abfallende, moderate Spitze aus. Die Schneide nimmt dadurch einen nach innen gewölbten, konkaven Verlauf und ist damit ebenfalls sehr gut für den schlagenden Gebrauch geeignet.

Härte

Aufgrund der hohen Schlagbelastung dürfen Haumesserklingen aber nicht zu hoch gehärtet werden, damit es nicht zu Ausbrüchen kommt. In den meisten Fällen kommt daher zäher Kohlenstoffstahl zum Einsatz, manchmal auch rostfreier Stahl nach AISI 420.

Griff

Eine wichtige Rolle spielt auch der Griff. Er darf nicht zu kurz ausfallen, damit die Hand ausreichend Platz findet. Wenn zudem ein schockabsorbierendes Material verwendet wird, steht einer ermüdungsarmen Handhabung nichts mehr entgegen.

3. Weitere Machete der Serie PUMA TEC: Die knapp 42 cm lange, vorderlastige AISI-420er-Klinge hat eine ausgeprägte Spitze und einen langen, nach innen gewölbten Schneidenverlauf. Sie wiegt ca. 760 g.

4. Alte Machete aus dem Zweiten Weltkrieg

3

4

DAS MESSER AM HALS

Keine Sorge: Der Begriff „Neck Knives“ steht nicht für die in Edgar-Wallace- und anderen Thrillern oft bemühte Klinge an der Kehle … Er bezeichnet leichte Messer, die praktisch in ihrer Scheide am Hals getragen werden.

Neck Knives

Ihr Name ist Programm: Neck Knives verdanken diese Bezeichnung ihrer besonderen Tragweise: Sie werden an einer Kette oder einem Lederband um den Hals getragen.

Ein Messer auf diese Weise zu tragen, kann dann besonders vorteilhaft sein, wenn beispielsweise ein zugeknöpfter Mantel oder ein anderes Kleidungsstück den schnellen Zugriff auf ein Messer am Hosengürtel erschweren würde.

EIGENSCHAFTEN

Es ist leicht nachvollziehbar, dass ein am Hals getragenes Messer nicht zu schwer sein darf. Dennoch muss es für seine effektive Einsetzbarkeit natürlich eine gewisse Stabilität besitzen.

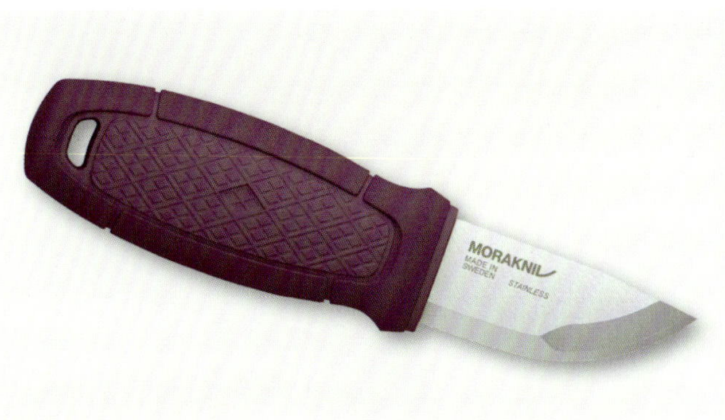

1

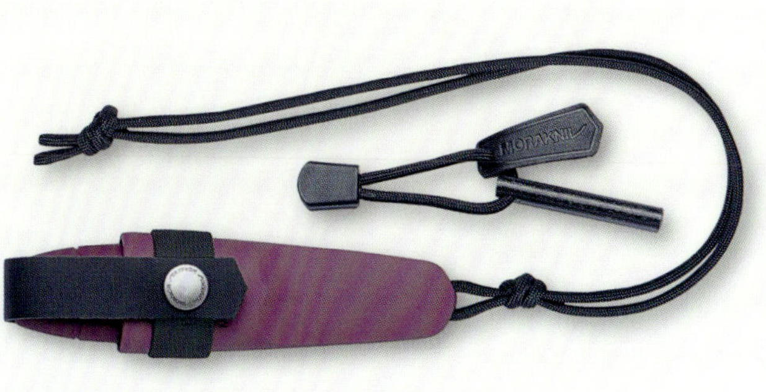

2

1. Schwedisches Schnitzmesser Morakniv ELDRIS NECK KNIFE: Die 12C27er-Klinge weist unterschiedliche Schliffe auf. Am kantig gehaltenen Klingenrücken wird der dazugehörige Feuerstarter gerieben.

2. Die Kunststoffscheide des Morakniv ELDRIS NECK KNIFE kann mittels Kordel um den Hals getragen werden.

1

2

3

Kurzer Griff ...

Die Handhabungsmöglichkeiten von Neck Knives werden, wie bei allen Schneidwerkzeugen, durch die jeweilige Griffgestaltung beeinflusst. Ist der Griff kurz gehalten, muss er eine gewisse Stärke aufweisen und so geformt sein, dass er zumindest drei Fingern Platz bietet und das Ende ggf. von einem weiteren Finger abgestützt werden kann.

... oder langer Griff

Soll das Messer jedoch besonders leicht ausfallen und ohne Schalen auskommen, muss der gesamte Griffbereich länger ausgeführt sein, um

VORTEIL KOMPAKTHEIT

Viele Hersteller von Outdoor- und Freizeitmessern haben zumindest ein oder zwei unterschiedliche Modelle im Sortiment, denn kleine und handliche Messer erfreuen sich zunehmender Beliebtheit. Der Vorteil liegt in ihrer Kompaktheit, die es dem Besitzer erlaubt, sein Neck Knife bequem und stets zugriffsbereit mitzuführen.

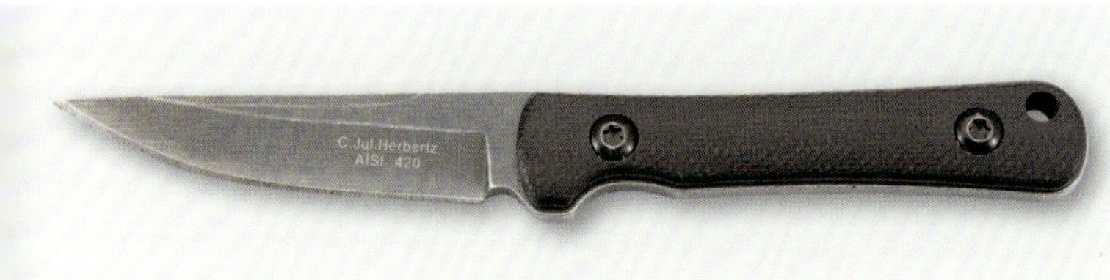

4

5

6

seinen Erfordernissen zu genügen. Einige solcher Modelle werden daher auch zur Gewichtsreduzierung in Skelettbauweise hergestellt und bestehen in der Regel aus einem einzigen Stück Stahl.

LEDER- UND KUNSTSTOFFSCHEIDEN

Eine besondere Bedeutung kommt der Messerscheide eines Neck Knifes zu. Da das Messer in den meisten Fällen mit dem Griff nach unten hängt, bedarf es unbedingt eines zuverlässigen, sicheren Halts in der Scheide, damit es nicht verloren geht.
Bei Lederscheiden kann hierzu ein horizontal angebrachter Riemen mit Druckknopfverschluss dienen, der das Messer fest umschließt und somit fixiert. Sehr verbreitet sind aber auch passgenaue Scheiden aus Kydex (thermoplastischer Kunststoff), die das Messer durch Reibung festhalten und zusätzlich an der Öffnung ein gewisses Untermaß aufweisen. Wenn das Messer hineingeschoben wird, rastet es dadurch in der Endposition mit einem deutlich hörbaren Geräusch ein.

1. PUMA Around Damast: von H.-P. Knoop designtes, 16 cm langes Vollstahlmesser aus schwedischem Damasteel® (rostfrei). In der Kunststoffscheide wird das Griffstück von einem biegsamen Rahmenbügel umschlossen.

2. Die mit einer Halskette ausgestattete passgenaue Scheide des Herbertz Neck Knife besteht aus Kunststoff.

3. Linder SPARROW Neck & Belt Knife: dieses kleine Messer mit ca. 7 cm langer Klinge aus 420er-Stahl kann am Hals, aber auch am Gürtel getragen werden. Griffschalen und Scheide sind aus Kunststoff.

4. Herbertz Neck Knife: schmales Messer aus AISI 420 mit durchgehendem Flacherl und aufgeschraubten Griffschalen aus G10

5. PUMA IP Neck Knife: kompaktes Fulltang-Messer aus 440C-Stahl mit verschraubten Micarta-Schalen. Die Kydex-Scheide kann an einem zugehörigen Nylonband um den Hals getragen werden.

6. Eickhorn URBAN LEAF Stonewashed: Ganzstahl-Messer, gefertigt aus einem Stück 1.4125er-Stahl mit 7 cm langer Klinge. Zur Gewichtsreduzierung ist das Griffstück mit mehreren Bohrungen versehen.

NACHFAHREN LANGER TRADITIONEN IN DER ALTEN WELT

In Afrika wurde einst mit klingenbesetzten Wurfeisen gejagt, in Asien kämpften unter anderem japanische Ninjas mit Shuriken (Wurfsternen).
Heute erfreut sich Messerwerfen als Sport auf der ganzen Welt großer Beliebheit.

Wurfmesser

Das Werfen von Klingen gehört bei einigen Völkern zum kulturellen Erbe ihrer Vorfahren. So wurden in Afrika mit Klingen besetzte Wurfeisen hauptsächlich zur Jagd eingesetzt, und in Asien waren Wurfsterne („Shuriken") und andere Wurfklingen unterschiedlicher Art als Waffen gebräuchlich.

Im asiatischen Teil der Alten Welt wurden Wurfwaffen als Kampfwerkzeuge vor allem von den Kämpfern japanischer Kriegerkasten, wie z. B. den Ninjas, eingesetzt.

Heute ist das Werfen mit Messern ein weltweit verbreiteter Sport, der nicht nur im heimischen Garten, sondern auch in Vereinen und auf Wettkämpfen betrieben wird.

Linder Solingen Classic Thrower: Retro-Style-Wurfmesser mit Ledergriff und Aluminiummonturen. Das Modell besitzt eine 13 cm lange Klinge aus C60-Carbonstahl.

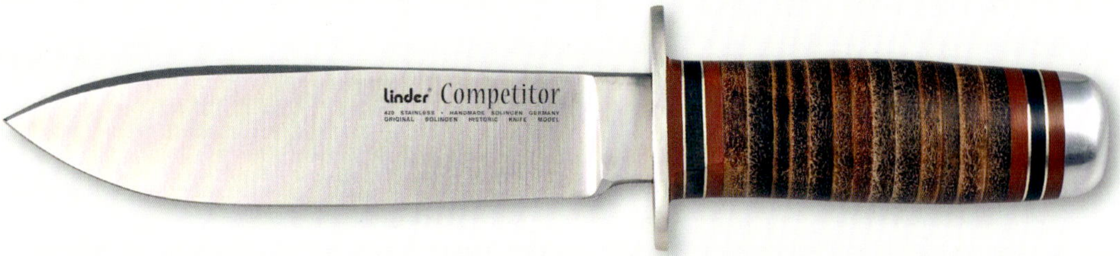

1

2

3

1. Linder Competitor: klassisches Wurfmesser im Fahrtenmesser-Stil mit 12-cm-Klinge aus 420er-Stahl. Der aufgeschobene Ledergriff und der Aluminium-Knauf sind mit dem Gewinde des versteckten Erls verschraubt.

2. Rehwappen Black Mamba XXL: Ganzstahl-Wurfmesser aus 1.4034er-Stahl in einem Design der 1970er-Jahre. Die symmetrische Klinge zeigt einen deutlichen Mittelgrad. Bei 35 cm Gesamtlänge wiegt das Messer ca. 210 g.

3. Kookaburra™ von Down Under Knives: Set aus zwei Ganzstahl-Messern mit lederumwickelten Griffbereichen. Der AISI-440C-Stahl der Messer ist zur Erhöhung der Flexibilität auf moderate 52 HRC gehärtet. Bei 30 cm Gesamtlänge wiegt jedes Messer stolze 360 g.

DIE KLINGE

Um im wahrsten Sinne des Wortes „zum Ziel zu kommen", benötigt der Werfer ein für diesen Zweck geeignetes Messer.

Klingenstahl

Der Klingenstahl für Wurfmesser darf nicht zu hoch gehärtet sein, da sonst ein Bruch der Klinge droht. Wurfmesser aus dem Billigsegment sind allerdings meist so weich, dass sich die Spitze bei jedem Wurf verbiegt und aufs Neue in Form gebracht werden muss. Da dies aber nur begrenzt funktioniert, muss bei der Anschaffung auch auf die Stahlqualität geachtet werden. Wie bei Messern für den schlagenden Gebrauch sind hier entweder ein robuster Kohlenstoffstahl oder ein rostfreier Stahl der Sorte AISI 420 bzw. DIN WN 1.4034 bestens geeignet.

BAUWEISE

Die gestalterischen Anforderungen an ein Wurfmesser sind nicht zwangsläufig hoch, dennoch gehören einige Eigenschaften dazu, die die Flugeigenschaften sowie die nötige Penetrationsfähigkeit im Ziel positiv beeinflussen.

GESTALTUNG UND GRIFF

Die Klinge sollte über eine mittig zulaufende Spitze verfügen. Letztere darf aber nicht zu filigran ausfallen, damit sie beim Auftreffen nicht abbricht. Eine symmetrische Bauweise, ähnlich einem Dolch, ist für den Wurf besser geeignet als die typische Messerform. Auf einen separaten Griffkörper sowie ein Parierelement kann verzichtet werden, obwohl auch solche Modelle nach wie vor angeboten werden und dankbare Abnehmer finden. Reine Wurfmesser bestehen allerdings in der Regel aus einem einzigen Stück Stahl ohne jegliche Monturen. Sie können aber zur besseren Gewichtsverteilung mehrere, unterschiedlich große Bohrungen im Griffbereich besitzen.

Balance und Gewicht

Ein weiteres Qualitätsmerkmal ist die Ausgewogenheit des Messers. Bei vielen Modellen liegt der Schwerpunkt daher genau in der Mitte. Manche Wurfmesser sind allerdings auch vorder- oder hinterlastig konstruiert. Alle drei Varianten haben durchaus ihre Berechtigung, da sich die jeweilige Eignung nach der angewandten Wurftechnik richtet.
Hier gilt die Regel: Beim Werfen eines nicht mittig ausbalancierten Modells wird das Messer am leichteren Ende gefasst. Dies kann also auch die Klinge sein, die deshalb, mit Ausnahme des Ortbereiches, ungeschärft bleiben sollte.
Da auch eine gewisse Flugstabilität und Auftreffenergie für den Erfolg wichtig sind, darf das Gewicht des Messers nicht zu gering ausfallen.

MEHR IST MANCHMAL WENIGER

Wurfmesser werden oft in mehrteiligen Sets angeboten. Bei der Anschaffung lohnt sich immer ein Blick auf die Qualitätsmerkmale, denn ein oder zwei gute Exemplare machen auf Dauer wesentlich mehr Freude als viele schlechte.

HOMO SAPIENS KENNT KEINE GRENZEN MEHR

Selbst in die Tiefen der Ozeane steigen wir hinab. Dort lauern mitunter Gefahren – unsere eigenen Relikte wie Netze oder Schnüre allerdings wesentlich öfter als blutdürstige Fabelwesen. Zum umfangreichen Equipment für den Tauchgang gehört deshalb das Messer: Es kann Leben retten!

Tauchermesser

Unter Wasser lauern so manche Gefahren! Anders als in Actionfilmen sind dies in der Realität jedoch keine menschlichen Bösewichte und auch keine großen Haie, die es mit dem Messer zu bekämpfen gilt.

Tatsächlich können Netze oder Schnüre zur Falle für einen Taucher werden. Falls er sich einmal darin verfängt, muss er sich daraus befreien können, zur Not mit einem Messer. Ein Tauchermesser gehört damit zu den notwendigen Werkzeugen und Ausrüstungsgegenständen eines Unterwassersportlers.

KLINGE

Merkmale und Elemente

Ein effektives Tauchermesser sollte eine scharfe Klinge besitzen. Eine zusätzlich eingeschliffene Anreißschneide oder ein auf dem Klingenrücken angebrachter Wellenschliff ist optional, kann aber beim Zertrennen starker Seile von Vorteil sein. Viele Klingen weisen einen zusätzlichen Leinencutter auf, der zum Durchtrennen dünner Schnüre dient. Auf eine ausgeprägte Spitze wird bei einigen Modellen ganz verzichtet. Die Klingen sind im Ortbereich oftmals meißelähnlich geformt, sodass

1

2

1. PUMA Wave Diving: Tauchermesser aus 1.4110er-Stahl-Teilverzahnung an der stabilen Dolchklinge. Auf dem Flacherl sitzt ein Griff aus seewasserfestem Gummi.
2. PUMA Wave Boating (designt von H.-P. Knoop): Tauch- und Bootsmesser, dessen multifunktionale 1.4110er-Klinge neben der Schneide eine Schraubspitze, einen Leinencutter und einen Sägeschliff hat. Ein Schnurloch im Griff kann einen Fangriemen aufnehmen.

Scubapro K6 mit hohlgeschliffenener Edelstahlklinge, Sägezahnung auf dem Klingenrücken und eingeschliffenem Leinencutter. Die Edelstahlfläche auf der Griffunterseite eignet sich zum Hämmern. Inbegriffen sind eine Spritzgussscheide und zwei verstellbare Schnallenriemen.

Scubapro TK15: Die 15-cm-Klinge aus „seewasserbeständigem" Edelstahl hat einen eingeschliffenen Leinenschneider und eine Sägezahnung am Rücken. Der Griff ist mit Edelstahlschrauben auf dem durchgehenden Flacherl befestigt.

sie notfalls auch zum Schaben und Hebeln genutzt werden können. Wichtig ist daher eine stabile Messerkonstruktion mit durchgehendem Erl, auf dem ein Griff aus rutschhemmendem Kunststoff sitzt. Der gesamte Griff muss gut in der Hand liegen und darf daher nicht zu klein ausfallen.

Klingenmaterial

Dem Klingenmaterial kommt bei allen Wassersportmessern eine ganz besondere Bedeutung zu, denn Korrosion ist deren größter Feind. Salzwasser greift sofort alle eisenhaltige Elemente an und hinterlässt auch an rostfreien Messern deutliche Spuren. Einige hochwertige Tauchermesser besitzen daher Klingen aus Titan, das wesentlich unempfindlicher reagiert und sich daher als Alternative sehr gut eignet. Das Scubapro Mako z. B. (Foto S. 127, Foto Nr. 2) wird auch in einer Titanium-Version gefertigt.
In der Regel wird aber „rostfreier" Stahl verwendet. Da sich ein sehr hoher Kohlenstoffgehalt ungünstig auf die Korrosionsbeständigkeit auswirkt, kommt fast immer der etwas niedriger legierte AISI-420-Stahl, manchmal auch 18/8-Edelstahl zum Einsatz.

SONSTIGES

Pflege

Nach dem Tauchgang müssen Stahlmesser immer sofort gründlich vom Salzwasser befreit werden. Das umgehende Spülen mit Süßwasser und anschließende Einölen gehören zur notwendigen Pflege eines jeden Tauchermessers!

Schnappverschluss

Wichtig ist auch, dass der Taucher während des Einsatzes eine schnelle und sichere Zugriffsmöglichkeit auf sein Messer hat. Das muss also einerseits verlustsicher in der Scheide sitzen, andererseits aber auch einfach daraus zu lösen sein. Deshalb besitzen Tauchermesserscheiden meistens einen Schnappverschluss, der leicht zu öffnen ist. Sie bestehen grundsätzlich aus Kunststoff und können mittels Riemen an unterschiedlichen Körperstellen befestigt werden.

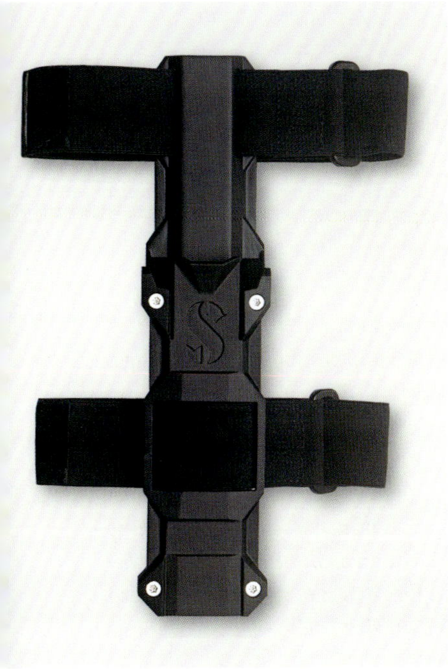

1

2

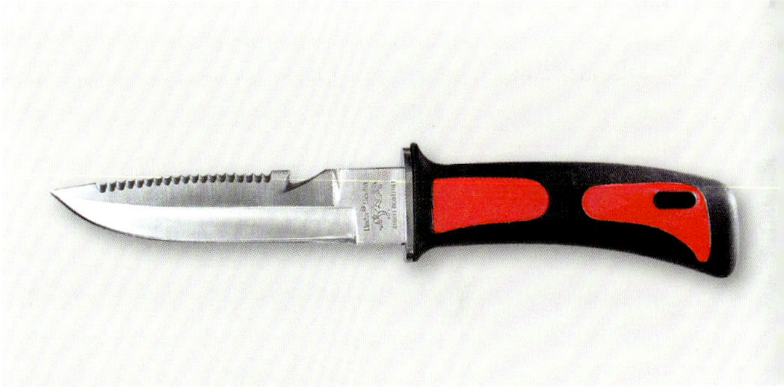

3

4

1. Zum TK15 von Scubapro gehört eine Scheide aus glasfaserverstärktem Polyamid, die sich der Taucher bzw. die Taucherin mithilfe von Nylon-Messerbändern je nach Vorliebe am Arm oder am Bein befestigen kann.

2. Kompakt, das Scubapro Mako: Die Klinge aus 18/8er-Edelstahl hat eine glatte Schneide, eine gezahnte Seite zum Durchtrennen von Seilen, einen Leinencutter und einen integrierten Flaschenöffner. Die Kunststoffscheide lässt sich an einem Tarierjacket befestigten.

3. Linder Scuba: Die 11 cm lange, auf dem Rücken verzahnte „Stainless"-Klinge besitzt einen Aufreißhaken. Der Griff auf dem Flacherl ist aus Elastomer.

4. Mit ihrem Schnappverschluss hält die Kunststoffscheide des Linder Scuba das Messer sicher und gibt es auf Zug dennoch leicht frei.

NICHT NUR FÜR POLIZEI UND MILITÄR

„Tactical Knives“ sind nicht a priori Kampfwaffen, sondern vor allem nützliche Werkzeuge mit breitem Anwendungsspektrum. Viele Anhänger haben sie daher auch im zivilen Bereich.

Taktische Einsatzmesser

„Taktik ist ein zweckmäßiges, auf Erfolg festgelegtes, planmäßiges Vorgehen oder Verhalten.“ Diese allgemeingültige Begriffsdefinition verdeutlicht, dass „Tactical“ nicht zwangsläufig mit „Combat“ (Kampf) gleichzusetzen ist. Das gilt auch für taktische Messer, im Englischen „tactical knives“.

Auch für Polizei und Militär ist ein Messer nicht in erster Linie eine Waffe, sondern ein Werkzeug. Es dient hauptsächlich der Ausführung unterschiedlicher Arbeiten und dem Schneiden im Basislager sowie im Feld.

Um den notwendigen Ansprüchen gerecht zu werden, muss ein taktisches Messer über entsprechende Eigenschaften verfügen. Hierzu gehören vor allem schnelle Zugriffsmöglichkeit, eine belastbare Klinge, eine stabile Konstruktion und eine absolut zuverlässige Mechanik. Die einwandfreie Funktionalität steht also an erster Stelle.

Sind diese Voraussetzungen erfüllt, kann ein solches Messer entscheidend zum Gelingen taktischer Vorhaben beitragen. Dies gilt selbstverständlich

PUMA SGB Bobcat3516: Trotz vollkommen schwarzer Farbe eignet sich dieses 126 g schwere Messer mit einer 85 mm langen und 3 mm starken, mattierten Klinge auch als ziviles Alltagsmesser. Ein umsetzbarer Clip, rautenförmig strukturierte Aluminiumgriffschalen, ein beidseitiger Daumenpin sowie ein „Liner-Lock“ gehören dazu.

1

2

1. PUMA SGB SW Tac: Das Rettungsmesser besitzt eine modifizierte American-Tanto-Klinge mit Daumen-Pin zum Öffnen sowie eine Platinenverriegelung. Für den Notfall ist im Aluminium-Griff ein Gurtschneider integriert.

2. PUMA TEC Einhand-Rettungsmesser mit rostfreier, 10,5 cm langer Klinge aus 420-AISI-Stahl im Stonewashed-Design. Der Edelstahl-Griffkörper trägt eine G10-Beschalung. Das Messer wiegt beachtliche 193 g.

also auch für den zivilen Gebrauch. Nicht von ungefähr haben sich taktische Messer daher in vielen freizeitlichen Anwendungsbereichen als robuste und verlässliche Arbeitswerkzeuge etabliert. Manche Modelle verfügen zudem über einen integrierten Gurtschneider und dienen zusätzlich als „Rettungsmesser".

ALLGEMEINE BESCHREIBUNG

Messer für den taktischen Einsatz sind in der Regel in Schwarz oder camouflagefarben gehalten. Klinge, Griff, Monturen und alle Bedienelemente unterscheiden sich farblich kaum oder gar nicht voneinander. Dieser Umstand dient einerseits der gebotenen Unauffälligkeit, andererseits aber der Vermeidung von Lichtreflexen, die eine blanke Klinge zwangsläufig gelegentlich erzeugt. Die Griffbeschalungen taktischer Einsatzmesser bestehen recht oft aus Aluminium, G10 oder anderen widerstandsfähigen Materialien.
Ein typisches Kampfmesser mit feststehender Klinge ist auch im Outdoorbereich für viele Anwendungen nutzbar. Hier spielt aber vor allem die robuste Konstruktion ihre Vorteile aus.

KLAPPBAR VERBREITETER ALS FESTSTEHEND

Der Markt stellt heutzutage allerdings wesentlich weniger feststehende Messer als klappbare Modelle zur Verfügung. Um auch hier eine zügige Einsatzbereitschaft herzustellen, werden einige Modelle mit einem sogenannten Spring Assist ausgestattet. Dieser bewirkt, dass die Klinge zum Öffnen lediglich ein minimales Stück manuell aus dem Griff befördert werden muss. Der eingebaute Federmechanismus übernimmt dann den Rest und befördert die Klinke in ihre Arbeitsposition. Bei deren Einklappen ist aufgrund der Federkraft des Spring Assists ein deutlicher Widerstand spürbar, der erst kurz vor dem Versenken im Griffkörper nachlässt.
Ein bequemes und schnelles Öffnen der Klinge kann natürlich auch beim alltäglichen Gebrauch von Vorteil sein. Kleinere Messer mit Federunterstützung sind daher eine sinnvolle Ergänzung der Angebotspalette.

Nützliche Helfer mit martialischer Optik

Es steht außer Frage, dass taktische Einsatzmesser äußerlich oftmals sehr „kriegerisch" daherkommen. Letztendlich sind sie aber doch nützliche Schneidwerkzeuge, die in bestimmten Situationen und unter widrigen Umständen Vorzüge mit sich bringen. Hierzu gehören das Durchtrennen

3

4

5

3. PUMA SGB Bigcat 10 Tanto: geradliniges Tantomesser mit feststehender, 12 cm langer und 5 mm starker Klinge aus 1.4116er-Stahl für den derben Gebrauch. Die Griffbeschalung besteht aus G10 und die dazugehörige Messerscheide aus Kydex.

4. PUMA SGB blackcat55 Drop Spring Assist: 180 g schweres Klappmesser mit Platinenverschluss und mattschwarzer, 11,5 cm langer sowie 3,3 mm starker, hohlgeschliffener Drop-Point-Klinge und ausgeprägter Spitze. Ein Federmechanismus unterstützt das schnelle Öffnen. Die G10-Beschalung besitzt einen Edelstahl-Gürtelclip.

5. PUMA SGB Strike Spring Assist: führiges Einhandmesser mit 8 cm langer Allzweck-Klinge aus deutschem DIN-1.4116-Messerstahl, die per Liner-Lock verriegelt, und eingebautem Federmechanismus. Die G10-Beschalung trägt einen Gürtelclip.

starker Seile und Gurte – z. B. bei Unfallfahrzeugen. Aber auch zum Hebeln und Schaben, manchmal sogar zum Hacken, kommen „Tacticals" zur Anwendung. Und selbstverständlich vor allem zum Schneiden ganz unterschiedlicher Materialien. Mit dieser Vielseitigkeit und ihrer Eignung für ein breites Anwendungsspektrum können Taktik-Messer auch außerhalb polizeilicher und militärischer Zwecke ausgesprochen nützlich sein.

TIPP

Allein das äußere Erscheinungsbild macht den taktischen Wert von „tactical knives" nicht aus! Den bestimmen vielmehr ihre definierten Eigenschaften. Steht bei einer Anschaffung nicht nur die reine Optik im Vordergrund, sollte das bei der Vielfalt der angebotenen Modelle beachtet werden!

FRÜH ÜBT SICH …

Den sicheren und damit gefahrlosen Umgang mit dem Alltagswerkzeug Messer müssen Kinder früh erlernen. Spezielle Kindermesser senken das Verletzungsrisiko.

Kindermesser

„Messer, Gabel, Schere, Licht sind für kleine Kinder nicht“, sagt der Volksmund. Dies mag für Kleinkinder gelten, allerdings kaum noch für Kinder ab dem Kindergartenalter. Der Umgang mit Werkzeugen des täglichen Lebens gehört zwingend zum Erwachsenwerden. Vor allem die richtige, also gefahrlose Anwendung von Messern muss früh und kann nur durch regelmäßige Benutzung erlernt werden.

Die ersten Erfahrungen mit einem Schneidwerkzeug werden Kinder sicherlich bei den Mahlzeiten machen. Das Brötchen muss geschmiert, das Fleisch geschnitten und die Kartoffeln zerteilt werden. Hierzu reicht natürlich ein gewöhnliches Tafelmesser vollkommen aus. Mit fortschreitendem Alter gilt es aber, zunehmend andere Aufgaben zu bewältigen, für die ein Messer benötigt wird.

Marttiini Kindergürtelmesser: feststehendes, rostfreies Messer mit abgerundeter Klingenspitze aus Finnland. Am einteiligen Kautschuk-Griff auf dem versteckten Erl ist ein Fingerschutz ausgeformt.

1

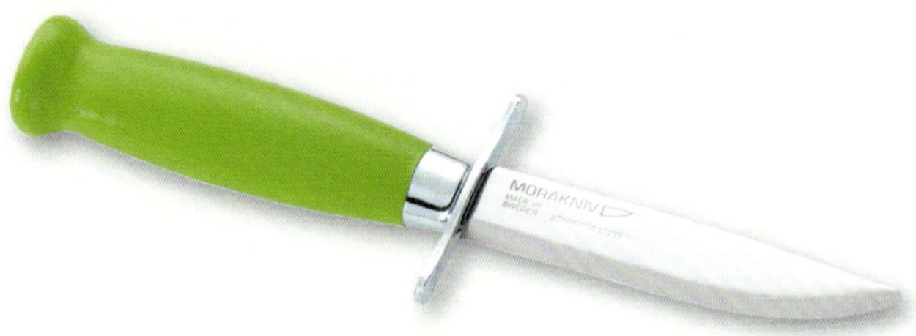

2

1. PUMA IP El Nino Olive: Kinder-Integralmesser aus einem Stück AISI-440A-Stahl mit etwas über 9 cm langer, abgerundeter Klinge und vernieteten Olivenholz-Griffschalen. Die Scheide ist aus Sattelleder.

2. Morakniv SCOUT 39: typisches Kindermesser mit rostfreier Klinge und breitem Handschutz. Der lackierte Birkenholzgriff ist mit dem versteckten Erl verklebt, die knapp 8 cm lange Klinge am Ortbereich leicht abgerundet.

ÜBUNG MACHT DEN MEISTER

Wie bei allen Lernprozessen macht die Erfahrung den Meister aus und nicht von ungefähr besagt eine andere Volksweisheit: „Früh übt sich, …!“ Der von Erwachsenen angeleitete Nachwuchs kann erfahrungsgemäß bald – unter Aufsicht Erwachsener – gefahrlos mit dem Schneidwerkzeug Messer umgehen. Da große und schwere Messer dafür nicht infrage kommen, bietet der Markt ganz spezielle Kindermesser an.

MERKMALE

Schärfe

Wie scharf die Klinge eines Kindermessers sein muss bzw. darf, hängt vom jeweiligen Verwendungszweck ab. Vollkommen stumpf darf die Schneide aber auf gar keinen Fall sein, da das Kind sonst zu viel Kraft aufwenden muss und die Klinge dadurch unkontrolliert vom Schnittgut abrutschen kann. Effektives Arbeiten erfordert eben auch ein effektives Werkzeug.

Weitere Besonderheiten

Da für Schneiden und Schnitzen keine ausgeprägte Spitze notwendig ist, sind Kindermesser im Ortbereich rund geschliffen. Die Griffe sind kleiner gehalten und die Klingen kürzer.
Feststehende Modelle besitzen meist zum Schutz der Hand ein Parierelement und Klappmesser oft eine leicht zu bedienende Klingenverriegelung. Kindertaschenmesser ohne Arretierung beinhalten eine erhöhte Verletzungsgefahr, da die Klinge unbeabsichtigt einklappen kann, während die Finger noch den Griff umschließen.

STEIGENDES ANGEBOT

Die Produktpalette von Kindermessern ist in den letzten Jahren stetig angewachsen. Die Auswahl reicht von Neuinterpretationen der klassischen Fahrtenmesser über unterschiedliche Modelle von ein- und mehrklingigen Taschenmessern bis zu modern gestalteten Stücken mit ergonomischen Griffen.
Küchenmesser, die speziell auf die Ansprüche von Kindern abgestimmt sind, haben sich ebenfalls am Markt etabliert und fördern so den Spaß des Nachwuchses am Schnippeln. Besonders beliebt sind aber nach wie vor die Vielzweckmesser, die allerlei Zusatzwerkzeuge zu bieten haben.

3

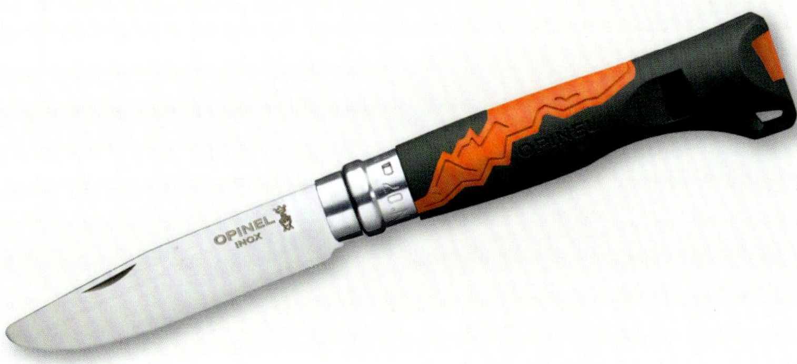

4

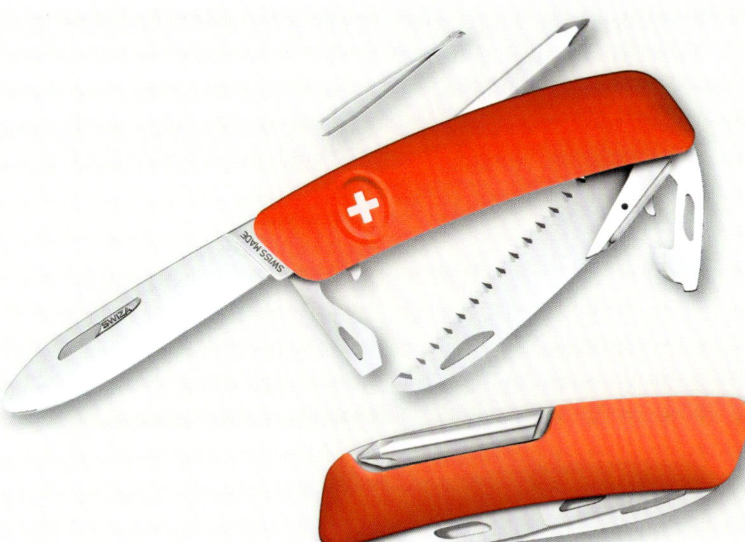

5

3. Baladéo PAPAGAYO KID: kleines Kindertaschenmesser mit 7 cm langer Klinge aus AISI-420-Stahl und im Eschenholzgriff eingelassenem Knopf zum Öffnen und Schließen („Button Lock")

4. Opinel No. 07, OUTDOOR JUNIOR: französisches Kinderklappmesser mit an der Spitze gerundeter 12C27er-Schwedenstahl-Klinge. Geöffnet und geschlossen wird die Klinge durch eine Drehmanschette („Virobloc") arretiert. „Pfiffiger" Clou: In den Polyamid-Griff ist eine Signalpfeife integriert.

5. SWIZA J06 JUNIOR Rot: Schweizer Multifunktionstaschenmesser für Kinder. Die abgerundete Hauptklinge aus 440er-Stahl, stellt sich beim Öffnen fest und lässt sich nach Druck auf das „Schweizer Kreuz" wieder einklappen. Zahlreiche Zusatzwerkzeuge sind an Kinder angepasst.

Zuletzt bemerkt

Unsere Reise durch die Welt der Jagd-, Outdoor- und Freizeitmesser ist nun zu Ende. Sinn und Zweck des Buches ist es, über die Vielfältigkeit der Messerwelt, die verwendeten Materialien und Gestaltungsformen zu informieren, Messer-Qualitätsmerkmale in den Blick zu nehmen und die unterschiedlichen Messertypen mit ihren Bauweisen und Merkmalen vorzustellen.
Da viele Aspekte in diesem Zusammenhang zweifelsohne von individuellen Ansprüchen, Erfahrungen und zuletzt auch dem „persönlichem Geschmack" abhängen, gibt das Buch nicht zuletzt auch die Meinung des Verfassers wieder. Ich erhebe allerdings keinen Anspruch auf Vollständigkeit, Allwissenheit oder gar wissenschaftliche Perfektion. Letztendlich werden jede Messernutzerin und jeder Messernutzer auch eigene Erfahrungen mit Messern und dem Umgang mit ihnen machen und diese ihren zukünftigen Überlegungen zugrunde legen. Und das ist auch gut so!

DANK

Mein Dank gilt der Carl Linder Nachf. e. K. (www.linder.de) für die Bereitstellung von Bildmaterial der Marken Linder, Rehwappen, Down Under Knives, Croco Knives, Kershaw, Cudeman, Eickhorn; der C. Jul. Herbertz GmbH (www.herbertz-messerclub.de) für Bildmaterial der Marken Herbertz, EKA, Marttiini, Nieto, Buck, Gerber, Au Sabot, Fontenille Pataud, Hartkopf, SWIZA, Opinel, Wildsteer, Helle, Morakniv, Camillus Blades, Baladéo; der PUMA GmbH IP Solingen (www.pumaknives.de) für Bildmaterial der Marken PUMA, PUMA IP, PUMA TEC, PUMA SGB, PUMA XP; der Johnson Outdoors Vertriebsgesellschaft mbH (www.scubapro.eu/de) für Bildmaterial der Marke Scubapro.
Für ihre Gastbeiträge danke ich besonders den Fachleuten Heinz-Peter Knoop, Harald Lauer, Lisa Schumacher, Jürgen Schönfisch, Hendrik Hiepass-Aryus, Peter Nydegger und Sandra Jung.

SERVICE

MESSERSTAHLSORTEN UND LEGIERUNGSBESTANDTEILE

Bezeichnung Werkstoff Nr.	Kohlenstoff % C	Silizium % Si	Mangan % Mn	Stickstoff % N
1.4034 / 420*	0,43–0,50	< 1,00	< 1,00	-
1.4109	0,65–0,75	< 0,70	< 1,00	-
1.4110 / 440A*	0,48–0,60	< 1,00	< 1,00	-
1.4112 / 440B*	0,85–0,95	< 1,00	< 1,00	-
1.4116	0,45–0,55	< 1,00	< 1,00	-
1.4125 / 440C*	0,90–1,25	0,35	0,5	-
1.4416	0,03	1	1	0,12–0,20
Böhler N 680	0,54	0,45	0,4	-
Böhler N 690	1,08	0,45	0,4	-
Böhler M 390	1,9	0,7	0,3	-
Sandvik 14C28N	0,62	0,2	0,6	0,11
AN.58	0,45	0,34	0,49	0,12
ACX-380	0,5	< 1,00	< 1,00	-
D2	1,55	-	0,6	0,3
Molyb.IVan.	0,45	0,34	0,49	0,12
3CR13	0,26–0,40	-	1	-
DAMASTEEL® DS93X™ (RWL 34 und PMC 27)				
RWL 34	1,05	0,5	0,5	-
PMC 27	0,6	0,5	0,5	-

* amerikanische Bezeichnung

Legierungsbestandteile und ihre Eigenschaften

C: Kohlenstoff bildet bei Härtevorgang Karbide von allen anderen Elementen. Die Karbide der verschiedenen Elemente sind unterschiedlich hart.

Cr: Chrom bewirkt eine gewisse Rostträgheit und erhöht zugleich die Härte und die Zähigkeit.

Mn: Mangan bindet überflüssigen Sauerstoff und entgast die Schmelze. Zugleich erhöhen sich Härte und Zähigkeit bei nicht zu hohem Anteil.

Mo: Molybdän hat das härteste Karbid. Es erhöht Festigkeit, Zähigkeit und Korrosionsbeständigkeit. Bei hohem Legierungsanteil erhöht sich die Hitzebeständigkeit.

Phosphor % P	Schwefel % S	Chrom % Cr	Vanadium % V	Molybdän % Mo	Härte HRC
< 0,04	< 0,015	12,50-14,50	-	-	52-54
< 0,04	< 0,015	14,00-16,00	-	0,40-0,80	55-58
< 0,04	< 0,015	13,00-15,00	< 0,15	0,50-0,80	55-57
< 0,04	< 0,015	17,00-19,00	0,07-0,12	0,90-1,30	55-57
< 0,04	< 0,015	14,00-15,00	0,10-0,20	0,50-0,80	55-57
0,018	0,004	16,00-18,00	-	0,60-0,75	57-60
0,035	0,02	19,00-21,00	-	4,50-5,50	57-59
-	-	17,3	0,1	1,1	53-58
-	-	17,3	0,1	1,1	59-60
-	-	20	4	1	59-60
≤ 0,025	≤ 0,010	14	-	-	60-62
0,02	-	13,50	0,02	0,01	56-58
< 0,04	< 0,015	14,00-15,00	0,1	0,5	55-57
-	-	12	1	0,8	60-61
0,02	-	13,5	0,02	0,01	56-58
0,04	-	12,00-14,00	-	-	52-55
-	-	14	0,2	4	57-60
-	-	13,5	-	-	57-60

P: Phosphor ist unerwünscht. Es erhöht zwar die Härte, macht den Stahl bei zu hohem aber Anteil aber brüchig.

Si: Silizium entgast die Schmelze. Bei geringem Anteil verbessern sich Zug- und Druckfestigkeit.

S: Schwefel ist unerwünscht. Er wird als Verunreinigung angesehen und bei den Analysen oft nicht erwähnt.

V: Vanadium verbessert vor allen Dingen Zähigkeit und Bruchfestigkeit, trägt darüber hinaus zu feinerer Kornbildung bei.

Register

BILDNACHWEIS

Mit 222 Farbfotos von Jochen Henke: S. 79; C. Jul. Herbertz GmbH (43): S. 47 – Ziff. 5, 55 – Ziff. 4, 56 – Ziff. 2, 57 – Ziff. 3+4+5, 60 – Ziff. 2+4, 70 beide, 71 – Ziff. 3, 82 beide, 83 – Ziff. 4+5+6, 84 – Ziff. 2+3, 85 – Ziff. 4, 88 – Ziff. 3, 90, 91 – Ziff. 1+4, 92 – Ziff. 1+2, 93 – alle, 95 – Ziff. 4+5, 100 – Ziff. 2+3, 103, 108 – Ziff. 6, 117 beide, 118 – Ziff. 2, 133, 134 – Ziff. 2, 135 alle; Hendrik Hiepass-Aryus: S. 58; Holger H./PUMA GmbH IP Solingen: S. 22 Ziff. 1; Pierre Johne: S. 22 – Ziff. 3; Johnson Outdoors Vertriebsgesellschaft mbH (4): S. 126 beide, 127 – Ziff. 1+2; Sandra Jung (2): S. 67 beide; www.knivesandtools.de (6): S. 34 alle, 35 alle; Heinz-Peter Knoop (3): S. 30, 31 o. und M.; Harald Lauer (2): S. 72, 73; Klaus Leix: S. 64; Carl Linder Nachf. e. K. (39): S. 38 – Ziff. 1+3+4+5, 50 – Ziff. 1, 51 – Ziff. 4+5, 52 – Ziff. 1+3, 57 – Ziff. 6, 60 – Ziff. 2, 69, 87, 88 – Ziff. 1+2, 89 beide, 92 – Ziff. 3, 94 – Ziff. 1, 99, 100 – Ziff. 1, 101 – Ziff. 4, 102 – Ziff. 1, 107, 108 – Ziff. 1+3+5, 109, 113, 114 – Ziff. 1, 118 – Ziff. 3, 119 – Ziff. 4+6, 121, 122 alle, 127 – Ziff. 3+4; Hendrix Logan: S. 46 – Ziff. 2; Peter Nydegger (2): S. 104, 105; Benedikt Nyssen: S. 66; Ekkehard Ophoven (15): S. 5 o., 12, 21, 22 – Ziff. 2, 25, 32 beide, 37, 38 u., 39, 40 beide, 44, 45, 46 – Ziff. 1; PUMA GmbH IP Solingen (60): S. 5 u., 8 alle, 11, 14 alle, 15, 16 beide, 17, 24, 27, 31 u., 42/43, 47 – Ziff. 3+4, S. 38 – Ziff. 2, 50 – Ziff. 2, 51 – Ziff. 1, 52 – Ziff. 2, 53 – Ziff. 4+5, 54 beide, 55 – Ziff. 3, 56 – Ziff. 1, 59, 60 – Ziff. 1+3, 61 – Ziff. 5+6, 65 beide, 71 – Ziff. 4, 83 – Ziff. 3, 84 – Ziff. 1, 85 – Ziff. 5, 91 – Ziff. 2+3, 94 – Ziff. 2, 95 – Ziff. 3, 101 – Ziff. 5, 102 – Ziff. 2, 114 – Ziff. 2, 115 – Ziff. 3, 116, 118 – Ziff. 1, 119 – Ziff. 5, 125 beide, 129, 130 beide, 131 alle, 134 – Ziff. 1; Jürgen Schönfisch (2): S. 96, 97; Lisa Schumacher (2): S. 62, 63; Shutterstock/Gorodenkoff: S. 6/7; Shutterstock/00coffeecat00: S. 68 u.; Shutterstock/Andrii Siradchuk: S. 41; Shutterstock/Angel Simon: S. 76; Shutterstock/argus: S. 106 u.; Shutterstock/Bill45: S. 124 u.; Shutterstock/Bryan Forsyth: S. 98; Shutterstock/CW Pix: S. 124 o; Shutterstock/Dmytro Khlystun: S. 128 u.; Shutterstock/Heshan photography: S. 137; Shutterstock/Iakov Filimonov: S. 38 o.; Shutterstock/kaband: S. 18; Shutterstock/klaikungwon: S. S. 80 u.; Shutterstock/n_defender: S. 112 u.; Shutterstock/Nor Gal (3): S. 36, 74/75, 128 o.; Shutterstock/possohh: S. 112 o.; Shutterstock/REDPIXEL.PL: S. 68 o.; Shutterstock/Sahara Frost: S. 132; Shutterstock/spaxiax: S. 80 o.; Shutterstock/Svetlana Glazkova: S. 86; Shutterstock/ThomasLENNE: S. 115 – Ziff. 4; Shutterstock/ULKASTUDIO: S. 136; Shutterstock/Vjacheslav Shishlov (2): S. 110/111, 120 u.; Shutterstock/Zysko Sergii: S. 120 o.; Ernst Siebeneicher-Hellwig (2): S. 26 beide; Archiv (2): S. 78, 106 o.

Mit 10 Zeichnungen von Susanne Markó, typopoint GbR: S. 28 alle, 29 alle

IMPRESSUM

Umschlaggestaltung von Populärgrafik, Stuttgart mit 4 Fotos von PUMA GmbH IP Solingen (Titelbild), Shutterstock/Martin Aasheim Ojeda (Rückseite), Shutterstock/Sergey Tinyakov (Außenklappe vorn), Elke Keppler-Rosenau (Außenklappe hinten) und Illustrationen von Susanne Markó, typopoint GbR (Innenklappen vorn und hinten).

Mit 222 Farbfotos und 10 Zeichnungen

Alle Angaben in diesem Buch erfolgen nach bestem Wissen und Gewissen. Sorgfalt bei der Umsetzung ist indes dennoch geboten. Der Verlag und der Autor übernehmen keinerlei Haftung für Personen-, Sach- oder Vermögensschäden, die aus der Anwendung der vorgestellten Materialien, Methoden oder Informationen entstehen könnten.

Unser gesamtes Programm finden Sie unter **kosmos.de**.
Über Neuigkeiten informieren Sie regelmäßig unsere Newsletter, einfach anmelden unter **kosmos.de/newsletter**

Gedruckt auf chlorfrei gebleichtem Papier

© 2021, Franckh-Kosmos Verlags-GmbH & Co. KG,
Pfizerstraße 5–7, 70184 Stuttgart
Alle Rechte vorbehalten
ISBN: 978-3-440-17162-2
Projektleitung und Redaktion: Ekkehard Ophoven
Gestaltung, Satz und Repro: typopoint GbR, Ostfildern
Produktion: Ralf Paucke
Druck und Bindung: Westermann Druck Zwickau GmbH, Zwickau
Printed in Germany / Imprimé en Allemagne

FSC
www.fsc.org
MIX
Papier aus verantwortungsvollen Quellen
FSC® C110508

Das Wunschmesser — selbst gebaut

136 Seiten, ca. €(D) 19,99

Messer sind nicht nur Gebrauchsgegenstände, sondern Zeugen handwerklicher Kunst. Viele Messerfans träumen davon, sich selbst ein Messer nach ihren persönlichen Vorstellungen zu bauen. Wie das geht, zeigt ein Profi: Von der Materialwahl über den Zusammenbau bis zum „letzten Schliff" informiert er über den Eigenbau des perfekten Wunschmessers. Ob Nicker, feststehende Messer, Klappmesser, Sax, Damastmesser, Japanische Küchenmesser – hier findet jeder die richtige Anleitung.

kosmos.de

Heimische Wildtiere — im Porträt

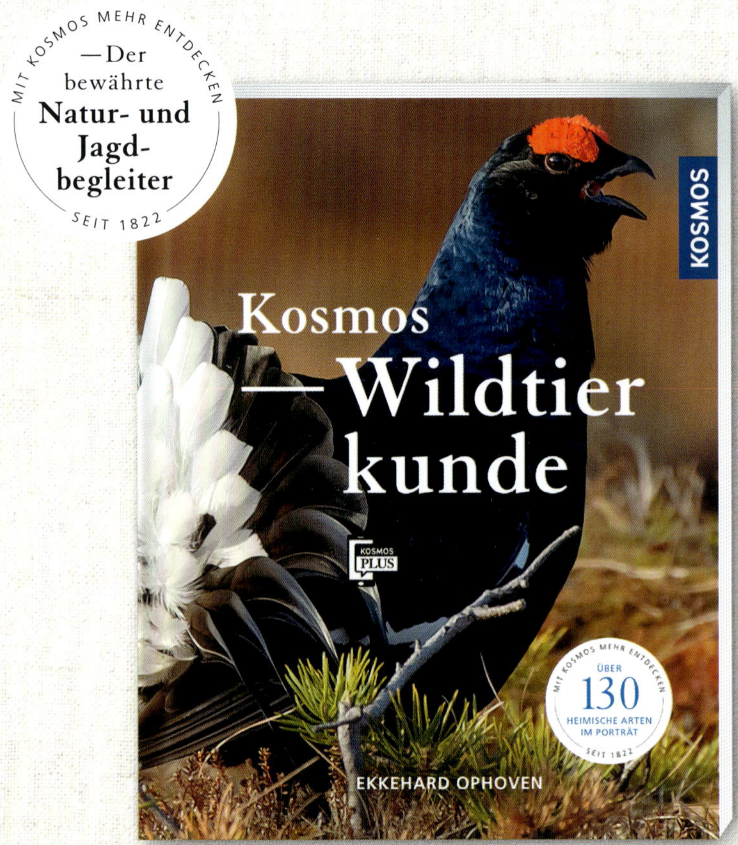

192 Seiten, ca. €(D) 22,–

Die „KOSMOS Wildtierkunde“, seit Jahren ein überaus beliebter Begleiter des Jägers und anderer Naturinteressierter, liegt jetzt in völlig neuer Gestaltung vor. In mehr als 300 Abbildungen und kompakten Texten informiert das Buch über Erkennungsmerkmale, Vorkommen und Verhalten von mehr als 130 wild lebenden Tierarten sowie wichtige Aspekte ihrer Bejagung.
Das Extra: Laute von über 80 im Buch behandelten und weiteren Arten sind über die KOSMOS-PLUS-APP abrufbar.

kosmos.de